深度护肤

いちばんわかる
スキンケア 教科書

[日] 高濑聪子　细川桃　著　张春艳　译

天津出版传媒集团

天津科学技术出版社

检查每天护肤和饮食上的误区！

☐ **1** 只在夏天做好防晒就可以了

☐ **2** 每天使用按摩器或美容仪提拉面部

☐ **3** 由于皮肤很敏感，所以尽量选择有机护肤品

☐ **4** 因为是淡妆，所以觉得即使不卸妆，光洗脸就能够洗干净

☐ **5** 只要摄取大量富含维生素的蔬菜就能够保持皮肤光滑

☐ **6** 为了保持美丽肌肤，每天饮用含有酵素的思慕雪等饮料

☐ **7** 为了提升女性激素水平，通过食用保健品和大豆摄取异黄酮

☐ **8** 正在进行无油减肥

→**答案在第3页**

错误的护肤方式会
阻碍你的美丽

平常，我们早晚都要进行护肤和饮食。

虽然关注美容方面的事，也尝试了很多产品和手法，却没有收到理想的效果，总是有很多皮肤问题……

原因或许就在于你对护肤和饮食的误解和自以为是。

本是为了护肤，却反倒给皮肤带来了伤害，这样的事情时有发生。

首先，我们应该认真学习关于皮肤、身体、化妆品的知识。

如果在正确理解的基础上进行护肤，皮肤会相应地变得更健康。即使出现问题，在问题变得更加严重之前，皮肤也能够迅速恢复。

在化妆品不断更新换代的今天，只要掌握了正确的知识和方法，就能够轻松实现"比现在更美"的目标。

只要掌握正确的护肤知识，
就能长期保持健康的皮肤！

1 365天都要做好防晒是铁则。紫外线是皮肤最大的敌人

紫外线会给皮肤带来各种各样的伤害并加速皮肤衰老。不仅在四月到八月间，紫外线格外强烈，在此之外的几个月里我们也会受到大量的紫外线照射。即使是阴天下雨也会有紫外线，所以一整年都要做好防晒工作，这一点尤为重要。防晒→妆前乳／隔离霜→粉底，按照这样的顺序进行防晒会更有效果。

2 严禁粗暴按摩，尽量轻柔！

按摩皮肤会促进激素分泌，让皮肤变得更加美丽，但用力地揉搓皮肤会起到反作用。用力拉扯皮肤会破坏真皮层，引发皮肤松弛。所以在按摩时，一定注意不要揉搓皮肤表面，而是要轻柔地进行。

3 植物的力量十分强大，皮肤容易变粗糙的人要注意这一点

认为有机护肤品对皮肤有好处而选择这类护肤品的人不在少数，但用于护肤品的植物成分多来自草药，有十分强劲的效用。皮肤容易变得粗糙、皮肤状态不好的人使用有机护肤品，反而会刺激皮肤。最开始可以尝试购买试用装或做过敏测试。

4 轻薄的妆容也有油性，需要卸妆去除油脂

无论妆容多么轻薄，化妆品也是油性物质，只用洗面奶是无法清洗干净的。BB霜和防晒霜也是如此。只使用洗面奶清洗时会过度揉搓皮肤，使皮肤变得粗糙，甚至失去皮肤本来的润泽。所以无论是化淡妆还是使用防晒霜，都要认真卸妆。

5 不仅要摄入蔬菜补充维生素，还要摄入肌肤所需的蛋白质

蔬菜中所含有的维生素是人体必需的营养素，但只吃蔬菜并不会让皮肤变得更漂亮。因为蔬菜中所含有的营养素的主要功效是辅助作为肌肉、皮肤、头发成分的蛋白质、身体能量之源的碳水化合物以及保持皮肤湿润的类脂质这三大营养素更好地发挥作用。

6 如果不同时摄取酶和蛋白质，皮肤就无法变得漂亮？！

在日本被称为酵素的物质多指与新陈代谢相关的代酶、调节肠道环境的发酵提取物。酵素也是蛋白质的一种，在体内会被自身的消化酶分解，因此只能从体外补充。或者说，我们应该注意体内是否缺少作为酶的成分的氨基酸或维生素、矿物质。

7 并非所有人都能通过异黄酮来提升女性激素水平

众所周知，大豆中所含有的异黄酮与女性激素有着相似的功效。但最近发现，异黄酮只有在肠道内发酵才能发挥女性激素本来的功效。而能够在肠道内代谢异黄酮的日本人只占半数，因此并不是对所有人都有效。

8 油脂有促进吸收美容成分的作用！

油脂能够促进对食材中所含有的脂溶性的抗酸化维生素的吸收。在食用沙拉时，一定要搭配油性调味汁。如果担心摄取的热量过高，可以在沙拉中添加富含膳食纤维和优质必需脂肪酸的牛油果。牛油果也有增强营养吸收的效果。

深度护肤

CONTENTS 目录

PRACTICE [实践课程]

EXTRA [应用课程]

BASIC & PRACTICE [基础 & 实践课程]

EXTRA [应用课程]

摄影 ----- 青砥茂树、大坪尚人
（讲谈社图片部）
内文插图 -- 三原紫野
模特 ----- 殿柿佳奈
化妆 ----- 丸山智路（LA DONNA）
采访 ----- 寺田奈巳、楢崎裕美

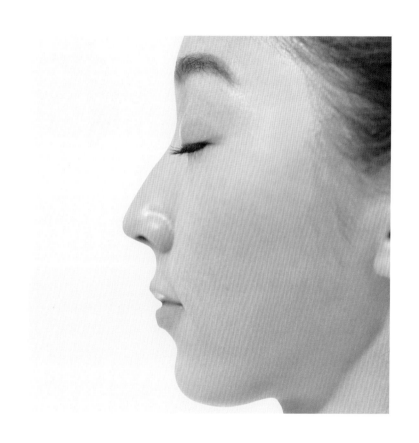

**你真的了解你的皮肤，
了解正确的护肤方式吗？**

两位专家告诉您如何护肤

从外护理皮肤

皮肤科医师

高濑聪子

　　WOVE诊所中目黑院区总院长。从东京慈惠医科大学毕业后，留校任职。2007年，她开设了WOVE诊所，其安全且高效的手术，与家庭护理、内部护理相结合的治疗手段，深受患者信赖。她还是医用护肤品"AMPLEUR"的研发者，实现将GF（成长因子）和对苯二酚等物质应用在家庭护理中。

正确的知识和正确的护理方法是获得最佳皮肤的捷径！

不要忘记享受护肤过程！！

　　要时刻照顾、爱护自己的皮肤。给许多女性的皮肤做过治疗后，我深刻意识到只有保持这样的理念才能让皮肤变得更美。既然是护肤，就要抱着重视皮肤的态度来做这件事。

　　但是，许多人对皮肤和护肤有很多误解也是不争的事实，由此反而会引发皮肤问题。例如，我们在感觉身体稍有不适的时候，会吃温热的食物，然后早点睡觉，以此来防止身体状况变得更加不好。对待皮肤也是一样的道理，如果感觉皮肤状态不好，就要停止护肤，重新审视护理方法。我希望大家能够做到这样的自我管理。

　　为此，我们必须要获得正确的知识并亲自感受自己的皮肤，检查自己的皮肤是什么样的触感、状态。经常关注自己的皮肤就会立刻感知皮肤的细微变化。如果掌握了正确的知识，就能够针对皮肤的状态采取相应对策，就能够将潜在皮肤问题防患于未然。

　　享受护肤的过程也是一件很重要的事。只有觉得身心愉悦才能将激素变成朋友，实现"更加美丽"的目标。我建议每天早晚都要观察皮肤，对皮肤抱有爱护之意地进行护理。只要坚持这样做，一个月后皮肤就会有很大的改变！

EXPERT
INSIDE

从内护
理皮肤

预防医疗咨询师
细川桃

　　创立了由医师、营养师、料理研究家等人士组成的预防医疗项目"Luvtelli 东京 &NY"。以在美国学习的营养学理论为基础，2011—2014 年担任 Miss Universe Japan Beauty Camp 讲师，为各类赛事及运动员等提供饮食、医疗方面的支援。她还进行与饮食和健康相关的研究，多次在抗加龄医学学会等场所进行演讲。

肌肤98% 的水分都能从饮食中获取。
用"美肌饮食的诀窍"打造美丽肌肤！

构成肌肤的要素就在每天的饮食中！

　　倾听想要成为"日本第一美女"的100多名女性朋友们的烦恼和理想，为了让她们在大会当天能够展现最完美的肌肤状态，我在医疗方面和饮食方面给予她们支援。随着年龄增长，皮肤也会不断变化，但不变的事实是肌肤的"原料"只存在于日常饮食当中。无法放下遮瑕膏或许是出于错误的饮食方式。了解哪些才是打造完美肌肤的食物，选择能够帮助你获得完美皮肤状态的饮食方式才是唤醒美丽肌肤的原力。

　　只食用对皮肤有益的食物是不够的，想要完全获取并吸收营养和美肌成分还需要秘诀。许多女性都是因为获取了错误的信息并进行主观判断，所以不断远离美丽肌肤。98% 的肌肤水分都是来自饮食*。因此仅仅是单纯的营养不足，就会破坏皮肤的状态。这本书会帮助你了解众多美丽女性所实践的"美肌饮食的技巧"，获得理想的肌肤。

* 角质层所含水分是由2%~3% 的油脂、17%~18% 的保湿因子（蛋白质）以及剩余80% 的神经酰胺（脂类）来保存的。

B[基础课程]ASIC

- ☐ 关于皮肤的组成
- ☐ 关于皮肤的营养
- ☐ 关于护肤的意义

了解正确的护肤和饮食方式的意义！

什么才对皮肤有益？为此需要怎样护肤和调节饮食？首先，皮肤都有各自的特性，护肤方式也因人而异，所以回答也是千差万别。虽然每个人都应该有能让自己的肌肤变得更美丽的方法，但实际上护肤进展却不是十分顺利，致使众多女性深感护肤不易。

无论是出于爱好还是工作需要，我们都会对目标对象进行不断调查。护肤最重要的是要先了解关于皮肤的基础知识。只要了解皮肤的构造和机能，就能知道错误的护肤方法及无意中的饮食习惯会对皮肤造成怎样的影响。虽说每个人都有差异，但也存在共通的基础护肤方法和应了解的营养学理论。我们首先掌握这些基础知识，在随后的实践课程中，就可以更加轻松地运用修复皮肤的方法并了解如何应对皮肤问题。

→ P6~57

[实践课程]

PRACTICE

☐ 关于护肤的方法
☐ 关于化妆品的选择方法
☐ 关于营养的摄取方法

掌握解决肌肤问题的方法!

　　学习了与肌肤和营养相关的基础知识后，接下来我们将学习减少皮肤问题并获得健康肌肤的实践方法。在这里，我们将具体学习每天的基础护肤方法、化妆品的选择方法、营养的摄取方法等内容。

　　这里还将介绍针对压力、睡眠不足、紫外线等不可避免的因素所引发的突发性皮肤问题、深层皮肤问题的对策。教会女性每天检查自己的皮肤，根据皮肤状态选择正确的护理方式和饮食，将皮肤问题消灭在源头，获得并守护健康、强韧的美丽肌肤。我们提倡要以从根本上解决问题为目标，而不是只做一时的应对。

　　此外，安全的美白护理、女性在意的头皮护理、如何选择医疗美容和有机护肤品以及当下热门的发酵食品等有关美容的最新话题也会一一详细介绍。

➡ P58~177

ABOUT SKIN

皮肤的作用是什么？

- 皮肤在做什么?
- 皮肤由什么组成?

与身体健康
有很密切的
关系!

皮肤的作用 1

保护皮肤不受污垢、紫外线、病毒的入侵

保护功能

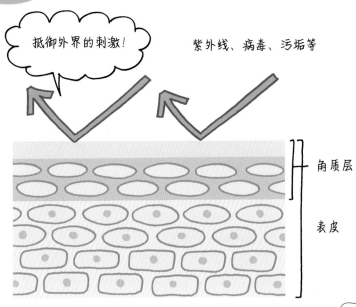

抵御外界的刺激！

紫外线、病毒、污垢等

角质层

表皮

隔绝外界的侵害和刺激，保持皮肤湿润

皮肤是外界和身体接触的边界线，皮肤的首要功能就是保护功能。保护功能就是阻止异物进入体内，例如阻止细菌、病毒入侵体内，预防感染和疾病，防止紫外线给细胞 DNA 带来伤害。

最能够起到保护功能的是位于最外侧的表皮。表皮的平均厚度约为 0.2 mm，非常薄，像膜一样覆盖全身，保护身体免受外界伤害。位于表皮内部最上方的角质层也被称为角质形成细胞。角

质层细胞像鳞片一样紧密排列，物理性地隔绝外界刺激。在角质细胞的空隙中含有神经酰胺和角蛋白等细胞间脂质，以彻底隔绝微生物和致敏性物质。

除此之外，防止体液渗出也是其保护功能的一种表现。存在于角质层中能够保留水分的 NMF（天然保湿因子）以及由皮脂和汗液所构成的皮脂膜也起到了保护作用。

常识！

面部的表皮 + 真皮的平均厚度为 2 mm，而眼睑处则为 0.6 mm

皮肤由表皮、真皮、皮下组织所构成，身体不同部位的皮肤的厚度和构成也有所差异。面部整体的表皮 + 真皮的厚度大约为 2 mm。经常会有剧烈运动的眼睑上的皮肤则最薄，只有 0.6 mm，大约为一张纸巾的厚度。而在手掌上，仅表皮层的厚度就有约 1.1 mm，这是为了防止外界的刺激而导致角质层过厚。

7

皮肤的作用 2

排出不需要的物质

新陈代谢功能

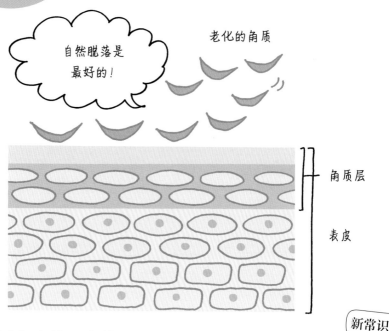

自然脱落是最好的！

老化的角质

角质层

表皮

细胞不断重复生长、分裂、吸收的循环

如果皮肤无法再生，皮肤表面保持水分的能力也会下降，大量的角质堆积在表皮上，皮肤变得干燥，无法排出因紫外线照射而产生的黑色素，从而导致皮肤不断老化……这就如同水若只聚集在一处的话，就会不断淤塞变为污水一样。

在进行正常新陈代谢的皮肤表面，角质层能够顺畅地脱落，表皮上布满新鲜、清透的角质形成细胞，其中蕴含大量 NMF 等能够保持皮肤湿润的物质，从而保持皮肤健康、水润的状态。

将身体中不必要的水分以汗液的形式从汗腺中排出也是皮肤的作用。排汗作用能够保持体内的水分平衡。此外，皮肤中的血管和淋巴结能够起到向体内输送必需的营养、回收不必要的老废物质的作用。只有这些机能正常运转才能保证皮肤和身体都处于健康的状态。

新常识！

日本人的皮肤"容易干燥"！

关于日本女性皮肤的研究在不断进行，新的认知也在不断更新。其中之一就是日本人的角质层较薄，其厚度大约只有白种人的三分之二，并且缺乏保持皮肤湿润的 NMF 等物质，可以说是保持水分的能力弱、易干燥、易受刺激的皮肤了。最近，外国制造商也开始推出面向日本女性的护肤产品。

皮肤的作用 **3**

通过排汗和肌肉收缩来控制身体温度

调节体温功能

不被外界的气温所影响，保持身体温度恒定

在介绍皮肤的作用2中曾提道"汗液是调节体内水分平衡的物质"，但是汗液还有一项更重要的任务，那就是保持体温的恒定。在气温等条件的影响下，身体感到热时就会出汗，排出身体中滞留的热气，而体温下降时则保持恒温。如果不出汗，身体中的热气就无法排出，可能导致加重中暑的症状，反过来，滞留在体内的多余水分也会导致身体寒凉。

另一方面，人体感到寒冷时真皮层中的立毛肌就会收缩，相当于起鸡皮疙瘩的状态。这样可以最低限度地排出热气，使其保留在身体内部，从而在寒冷的环境中保护机体。我们之所以能够迅速适应剧烈的气温变化也是因为皮肤的存在。

皮肤的作用 **4**

获取信息，保持身体健康

感觉功能

感受温度和痛，获得确切的指令

五感中的触感就是皮肤所具备的感觉功能。皮肤能够感知冷、热等温度变化以及痛觉等。"撞到了什么""被触摸""舒适"等感觉也属于痛觉，这些统称为"温痛觉"。

能够感知温痛觉的是存在于真皮中的被称为触觉小体的神经细胞。它们主要起到察觉温痛觉并发出信号，将信号传递到脊髓和大脑，适当调节体温，激发反射神经等，令人放松等作用。护肤使人感受舒适，从而让皮肤分泌良性激素也是由感觉功能引发的。

"健康的皮肤"是什么样的皮肤?

　　想要没有问题和烦恼的肌肤，就应该以"健康的皮肤"为目标。从根源维持健康状态的皮肤就是指没有问题、强韧的皮肤。保持健康的皮肤状态也能够减缓皮肤衰老的速度。这里将用五个关键词来为大家介绍"健康的皮肤"是什么样的皮肤状态。

Keyword

➡ "水油"平衡

➡ "肌理"光滑

➡ 有"弹力"

➡ "新陈代谢"正常

➡ "营养"全面

Keyword
水分 & 油分

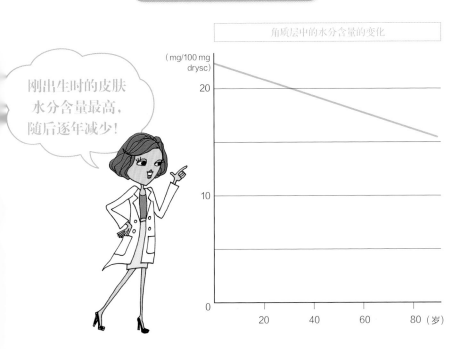

刚出生时的皮肤水分含量最高，随后逐年减少！

角质层中的水分含量的变化

(mg/100 mg drysc)

20

10

0

20　40　60　80 (岁)

含有适当的水分和油分是拥有健康皮肤的条件

皮肤湿润也是获得健康皮肤的条件，而湿润的根本在于水分，能够保持水分的关键则是油分。这里所说的水分是指角质层中的水分，20% 为最理想的水分含量比例。油分是指皮脂、存在于表皮空隙中的神经酰胺等细胞间脂质以及在角质中包含水分的 NMF（天然保湿因子）这三种物质，保持这些物质的含量均衡是非常重要的。但遗憾的是，无法用准确数值来表示这些物质的比例。

如果角质层中的水分含量少

于20%，皮肤就会变得干燥。导致水分减少的原因有许多，其中之一便是年龄增长。随着年龄增长，皮肤补充并保持水分的护理就显得愈发有必要。水分含量下降至10% 以下时，皮肤就会完全变为干燥肤质。皮肤干燥的人由于水分和油分不足，会有"肌理的沟较浅且杂乱""毛孔较小且不明显"等特征。

反过来，油性皮肤会由于皮脂过多，导致角质层中的水分也较多，导致毛孔较大，肌理较粗。

常识！

"光泽"和"油光"的区别是什么？

面泛油光的原因就是皮脂的分泌过剩。但肌理的杂乱也会导致皮肤出油。肌理较粗的皮肤经常会迅速出油。另一方面，肌理较浅的皮肤虽然看起来十分光滑，但是比起肌理粗大的人，看起来更像是由皮脂导致的人为的光泽状态。即便含有相同的皮脂量，肌理光滑的皮肤则会自然地反射光线，令皮肤看起来更加光滑、有光泽。

Keyword
肌理

✕ 肌理杂乱

◯ 肌理光滑

> 皮肤表面不平整，
> 上妆效果较差！

> 皮肤表面光滑，
> 皮肤看起来也很明亮！

角质层
表皮
真皮

角质层
表皮
真皮

皮肤表面存在较深且分布均匀的沟时状态最佳

肌理由皮沟和皮丘组成。调节皮肤的纹理就是让皮沟加深，让皮丘隆起，使皮沟和皮丘保持良好落差的状态。检测皮肤整体时，皮沟大小和密度是否均匀是健康皮肤的充分条件。

在胚胎初期，我们的皮肤像覆盖一层膜一样十分柔软。然而伴随出生、成长，在重复而快速的细胞分裂、生长过程中，皮肤出现裂纹，产生了皮肤的纹理。

这个过程也是肌理柔软性的证明。

肌理细致、整齐的皮肤的柔软性也较高，保持皮肤水润的能力也很高。肌理杂乱，甚至失去肌理的皮肤的表面会变得平坦，失去柔软性，从而无法保留水分。导致肌理杂乱的原因有很多，随着年龄增长，角质逐渐变厚，无法产生皮沟就是原因之一。此时需要采取给予皮肤湿润的护理对策。

> **常识！**
>
> ### "肌理"和"皱纹"的区别是什么？
>
> 二者同样都是皮肤上的沟，却是完全不同的东西。皱纹并不是因为肌理的沟过深而出现的。真正的皱纹是随年龄增长出现的纹路以及因表情肌收缩而出现的褶皱。但是，初期衰老的一大信号就是由杂乱的肌理导致生成小细纹。可通过保湿对策让皮肤变得柔软，调节肌理，从而修复小细纹。

弹力

有弹力并支撑皮肤的是真皮!

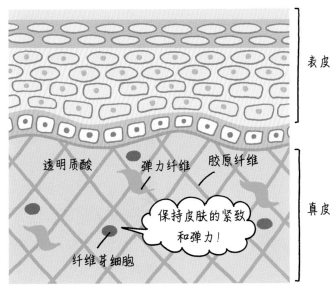

透明质酸　弹力纤维　胶原纤维

纤维芽细胞

保持皮肤的紧致和弹力!

表皮

真皮

用反弹力让皮肤免受重力影响

弹力是物体恢复原本状态的力,在触摸皮肤时能够感受到反弹力量的就是有弹力的皮肤。没有弹力的皮肤就会容易留下印迹,也无法轻松抵抗重力的作用。因此,失去弹力的皮肤由于受到向下作用力的影响而不断下垂。

为皮肤提供弹力的是存在于真皮及其下方的皮下组织和肌肉组织。使这两者保持一定程度的硬度和弹性是非常重要的。特别是和弹力有密切关系的真皮。真皮主要由这几种物质组成:胶原纤维、弹力纤维等纤维成分,产生纤维的纤维芽细胞以及遍布于胶原纤维和胶原束之间的像果冻一样的糖胺聚糖、蛋白多糖等基质。其中,呈网状分布在真皮层中的胶原纤维以及像弹簧一样支撑胶原束的弹力纤维是支撑弹力的主要成分。分布密集的纤维芽细胞能够不断产生新的胶原纤维和弹力纤维,是皮肤拥有弹性的必要条件。

常识!

"皮肤柔软" = "没有弹力"?

确实存在有些人天生皮肤很硬而有些人皮肤很软这类差异,但这和皮肤弹力是不同的问题。并且,柔软的皮肤拥有对抗皮肤移动和外界刺激的柔韧性,也可以认为是有弹力的皮肤。较硬的皮肤反倒会缺少柔韧性。比起表皮较厚的白人,表皮较薄、真皮和皮下组织较厚的亚洲人的皮肤更有弹力和柔韧性。

Keyword
新陈代谢

皮肤细胞在28天内不断再生！

新陈代谢就是表皮不断地获得新生细胞的过程。同时，存在于表皮和真皮之间的基底层中的角化细胞逐渐向皮肤表面推移，同时具有棘细胞、颗粒细胞的形态和性质，最终演变为角质形成细胞，上浮于皮肤表面，最后自然剥落。基底细胞分裂至脱落的时间为28天是最理想的，这种状态下的皮肤表面始终覆盖着健康的细胞。但是这个周期受年龄、激素平衡、紫外线等条件影响。一般来说，以20岁为新陈代谢最高点，随后周期逐渐多于28天。于是，没有保水能力的老化角质不断附着在皮肤表面，皮肤变得干燥，容易产生色斑并失去光泽。

孕育健康细胞
十分重要！

Keyword
营养

血液会给皮肤带来生长所不可或缺的营养！

能够为皮肤提供营养"材料"的物质是血液。动脉会将获取的营养运送到皮肤的每一个角落，而静脉会回收不需要的老废物质，以此来不断孕育皮肤细胞。如果营养摄取不足，血液循环会变得缓慢，细胞也会因能量不足而无法孕育新的细胞。

首先，正确饮食。为了让营养循环至全身各处，改善血液循环是十分重要的。从体温的角度来说，如果维持在36~37℃，则说明血液循环处于正常的状态。虽然按摩也十分有效，但是为了克服重力让血液流动，肌肉加速血液循环的作用就显得尤为重要。所以说，保持适当的肌肉量对于皮肤健康也是必需的。

"皮肤老化"是怎么回事?

如果无法及时修复皮肤损伤,就会不断出现斑点、皱纹,乃至松弛!

随着年龄的增长,人类的各项机能也会不断衰退,出现老化现象。和身体一样,面部也会产生这种老化。原本促进新陈代谢、修复损伤的成长激素的分泌量在人类刚出生时达到顶峰,随年龄增长而不断下降。并且新陈代谢的周期在20岁后不断缩短,激素的平衡也会产生变化。其结果就是细胞再生的能力减弱,无法及时修复日常受到的损伤,皮肤逐渐失去弹性和光泽,出现慢性的干燥、下垂、斑点、皱纹、松弛等症状。

但是,衰老的速度也因人而异。遗传因素对衰老的影响只占20%,剩余的80%是由紫外线照射所引起的"光老化"。总之,只要认真预防紫外线,避免其带来损伤,就能够一定程度上延缓衰老。因此,预防紫外线是抗衰老护理的重中之重。日常的UV护理、保湿护理以及正确的饮食习惯,能够延缓皮肤老化。

皮肤的"厄运之年"是"28岁·35岁·42岁"!从28岁起就要有危机意识

明明和往常一样在护肤,但是皮肤的状态还是越来越差。皮肤状态的转折点,也就是皮肤的"厄运之年"。女性大概每隔七年就会迎来一次这样的时刻。首先,开始出现初期衰老是在28岁左右。这时可以感觉到皮肤干燥、肌理杂乱,出现痤疮、毛孔变大,相信有着这方面烦恼的人不在少数。接下来是35岁左右,这时会出现色斑、眼周皱纹等症状。而到了42岁时,法令纹和皱纹会变得明显,脸部轮廓会下垂。

每当皮肤迎来"厄运之年"时,都应该重新审视护肤程序,设法延缓衰老信号的出现。

内在要素 TOP5

1位 活性氧

皮肤氧化（即引发"生锈"的活性氧）是劲敌，导致皮肤加速老化

氧气是我们生存不可或缺的物质。但是氧气经由紫外线、香烟、压力等作用也会变成过氧化物阴离子、羟基等活性氧。这种活性氧真是让人觉得烦恼。活性氧会攻击所有细胞，让细胞氧化和"生锈"。皮肤遭受活性氧的伤害后，原本正常的运作就会变得缓慢，加快皮肤老化。还会出现色斑、皱纹、下垂等衰老信号。活性氧也被认为是引发癌症等疾病的导火索。为了维持健康的皮肤和身体，一定要保护细胞不受活性氧的侵害。

2位 营养不良

构成皮肤的物质来源于食物，错误的饮食方式无法让你获得美丽肌肤

我们的身体是由大量的细胞组成的，为了让细胞健康成长就要摄取营养，而营养则是从每日的饮食中获得。除了作为皮肤、肌肉、内脏等组织和器官重要成分的蛋白质，帮助蛋白质转化为健康细胞成分的维生素、矿物质、抗氧化物质也是不可或缺的，此外还需要适量地摄取糖分及碳水化合物以作为产生细胞时所必需的能量源。同时还需要天然的皮肤保湿屏障——油脂。为了获得健康的皮肤，则要以五大营养素为中心，均衡饮食，如果缺乏一些必需物质，造成营养失衡，也就无法获得健康皮肤。

危害皮肤健康的就是"皮肤的敌人"。提到敌人，大家很容易认为是身体外部的问题，其实问题也存在于身体内部。身体的"敌人"会在不知不觉中不断累积，最终给皮肤带来重大伤害。我们应该重新审视不被重视的日常生活。

还隐藏着名为"糖化"的敌人

虽然碳水化合物是必要的营养物，但也不要过度摄取。如果蛋白质与糖结合，就容易引发"糖化"（AGEs/糖基化终产物）。例如，烤牛排时，牛排的颜色会从红色变为棕色，同时还会变硬，这也是糖化的一种表现。如果皮肤糖化，带来弹力的胶原纤维就会变性从而失去柔软性并变硬。此外，糖化的过程中所产生的物质为黄色，这也是皮肤泛黄的原因。喜欢吃甜食和饮酒的人要注意这一点。

3位 压力

会引发活性氧，导致皮肤陷入恶性循环

身体所必需的氧气，也会变为对身体有害的活性氧，这是压力的一大罪行。而且，身体为了战胜压力会过多地消耗肾上腺皮质激素。肾上腺皮质激素原本是为了抑制体内的炎症而分泌的物质，经常用来缓解压力会导致皮肤容易出现炎症。此外，压力也会影响女性激素，打乱水油平衡，让皮肤容易干燥并产生痤疮。

4位 血液循环不畅

无法给细胞输送营养，皮肤会变得脆弱

只有每一个细胞都得到足够的营养，才能孕育出健康的新生细胞。保证输送营养的血液能够顺畅地流动到各个部位是十分重要的事情。如果血流缓慢，容易造成细胞营养不良，从而无法获得健康的皮肤。血液循环不畅还会让皮肤看起来没有血色、灰白，并且因为无法维持正常的新陈代谢，老化角质堆积在皮肤的表面，皮肤看起来毫无光泽。除怕冷外，运动量不足造成的肌肉量过少也是导致女性血液循环能力较弱的原因之一。

5位 睡眠不足

皮肤之所以状态不好是因为修复机能不足和生长激素分泌水平低下

处于睡眠状态的身体能够修复细胞当天所受到的损伤。如果睡眠时间不足，修复机能就无法充分运作，日积月累会给细胞留下损伤。使细胞变得活跃并生成健康皮肤的生长激素也受到人体生物钟的影响，如果睡眠时间不规律，就无法正常分泌足量生长激素。每天6~7个小时有规律地睡觉是十分必要的。入睡之前的环境也是十分重要的，看手机或电脑会刺激大脑，阻碍快速睡眠。

外在要素 TOP5

日本人比白种人更能够抵御紫外线？

回答是 Yes。理由是日本人体内的黑色素的量比白种人高。黑色素本来就是保护 DNA 不受紫外线侵害的，像遮阳伞一样的物质，它不是有害物质，而是皮肤的朋友。无论哪个人种，其体内产生黑色素的工厂——黑色素细胞的数量是相同的，不同的是生成黑色素的能力，白种人、黄种人、黑种人的黑色素生成能力依次升高，这种能力和皮肤的颜色成正比。

1位 紫外线

给 DNA 带来损伤，是阻碍皮肤健康的罪恶之源！

外在要素的第一名就是紫外线。在前文中也曾提到过，八成的皮肤老化都是由紫外线引起的。紫外线照射会给细胞的 DNA 带来损伤，但是人类的身体构造十分奇妙，DNA 并不只是一味地承受损害，它还拥有在夜间修复的能力。但是，随着人类年龄增长，修复能力会逐渐下降，若紫外线过度照射则无法及时修复，从而引发各种问题。随着机体皮肤越来越干燥，屏障机能也会变弱，保护 DNA 不受紫外线侵害的黑色素的生成量不断增加，这也是色斑和暗沉产生的原因。更进一步说，紫外线到达真皮层后会破坏胶原蛋白和弹性蛋白，这也是皱纹和皮肤下垂产生的原因。

2位 香烟

有百害而无一利，二手烟的影响也很大，产生活性氧，导致血液流动变慢！

提起香烟的危害，很多人认为这只针对吸烟者本人，但其实对于周围的人也是很危险的！与吸烟者直接吸入的烟相比，二手烟中同样含有大量的有害物质。二手烟会产生皮肤的劲敌——活性氧。为了去除活性氧，皮肤所必需的维生素等物质会被大量消耗，从而导致皮肤的营养不足。二手烟中所含有的尼古丁还会让血管收缩，血液输送氧气的能力就会变弱。其结果就是很难将营养运送到细胞中，进而无法产生新的细胞，更无法及时修复损伤，皮肤衰老进程日益加快。

对于生活在现代的我们来说，无法避开强烈的紫外线和PM2.5等大气污染。但是，如果能够了解这些"敌人"的真面目，就能够找到合适的对策。这里会重点分析外界带给皮肤的伤害以及加速皮肤老化的主要原因。

3位 干燥

使皮肤屏障机能变弱，变得容易干燥

前文中曾提到皮肤的表面充满着角质形成细胞和细胞间脂质，如果皮肤干燥，这些物质中间会产生缝隙，容易遭受外界刺激的侵害。简而言之就是屏障机能变弱，皮肤不仅容易受到紫外线影响，还处于病毒和细菌能够轻易进入其内部从而引发炎症的状态。并且，由于细胞间脂质的量不断减少，皮肤保湿能力也不断减弱，变得更容易干燥。还会出现皱纹、暗沉、痘子等问题。

4位 大气污染

日益增多的污染漂浮物，引发"总觉得身体不适"的感觉

汽车尾气、花粉、黄沙以及PM2.5，这些物质接触皮肤容易引发过敏反应，造成炎症，使皮肤的屏障机能变弱。其结果就是面部出现红肿、刺痛的症状。为了消除炎症，身体就会激发免疫机能，从而无法维持原本健康的皮肤。大气中的污染物质进入体内也会引发炎症，体内的免疫力和营养被迫用于对抗炎症，皮肤的状态容易变差。

5位 错误的保养

护理时长不足和错误的护理方式是伤害皮肤、产生新问题的主要原因

进行皮肤护理时，如果不小心采取了错误的方式也会起反作用。洗脸时，如果没有彻底去除彩妆和污垢，就会导致毛孔堵塞，生出痘子；而用热水洗脸，会导致皮脂过分流失，让皮肤变得干燥；用毛巾擦脸会因摩擦而产生色素沉积；只给皮肤补充水分而导致油分不足，会加速干燥；不采取防晒措施也是不行的；过度使用按摩器会导致真皮层的组织受损，还会引发下垂……这种种问题都不容忽视。

[基础课程]

SKIN CARE

必须护肤的理由

- 皮肤真正需要的东西是什么？
- 护肤的目的是什么？

只要获取三种
皮肤本源的力量，
就能获得健康
皮肤！

获取皮肤本源的力量

护肤的三大目的：清洁、抗干燥、防紫外线。
这样才能发挥皮肤天生具备的能力。
这里将详细说明皮肤原本的力量。

皮肤本源的力量

皮肤再生的能力 ➡ 新陈代谢

　　位于我们的皮肤最外侧、构成表皮的细胞不断再生，废旧的细胞不断脱落。细胞不断再生的能力被称为新陈代谢，以28天为再生周期是最理想的状态。因为新陈代谢和皮肤保湿机能、屏障机能有着密切的联系，所以一旦新陈代谢的节奏被打乱，皮肤就会变得干燥，也容易遭受刺激。而新陈代谢易受年龄、紫外线、激素等影响而变慢，保证其节奏是健康皮肤的基础。

皮肤本源的力量

皮肤保湿的能力 ➡ 屏障机能

　　湿润对于皮肤来说是不可或缺的条件，原本皮肤具备保持湿润的能力。而发挥这种能力的就是屏障机能。在皮肤内部，存在着填充细胞间隙的细胞间脂质和 NMF（天然保湿因子），这两种物质会保留水分，不让水分蒸发，而皮脂膜则覆盖在皮肤表面留住水分。之所以感到皮肤干燥，是因为保湿的能力变弱。护肤的目的之一就是在抗干燥的基础上更进一步，提升皮肤保湿能力。

皮肤本源的力量

从根本上创造皮肤的能力 ➡ 健康的细胞

　　为了发挥皮肤原本的能力，即①皮肤再生的能力和②皮肤保湿的能力，保证每一个细胞都处于健康状态是必要条件。为了给包括干细胞在内的所有细胞输送营养，一定要保证饮食均衡以及血液循环正常。保护细胞不受紫外线侵害的护理也是不可或缺的。

皮肤本源的力量

1

皮肤再生能力是什么

➡就是新陈代谢

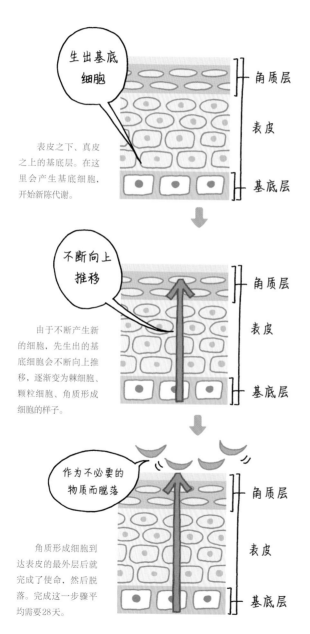

生出基底细胞

角质层

表皮

基底层

表皮之下、真皮之上的基底层。在这里会产生基底细胞，开始新陈代谢。

不断向上推移

角质层

表皮

基底层

由于不断产生新的细胞，先生出的基底细胞会不断向上推移，逐渐变为棘细胞、颗粒细胞、角质形成细胞的样子。

作为不必要的物质而脱落

角质层

表皮

基底层

角质形成细胞到达表皮的最外层后就完成了使命，然后脱落。完成这一步骤平均需要28天。

在表皮和真皮之间的基底层中产生的细胞会不断向表面推移，逐渐变为棘细胞、颗粒细胞。在这个过程中，会生成有助于保湿的透明质酸、丝聚蛋白等 NMF（天然保湿因子）成分、神经酰胺、胆固醇等充斥在表皮空隙中的细胞间脂质。如果能够保持皮肤的湿润，屏障机能就能正常维持。

但是，表皮的这种再生机能（即新陈代谢的能力）会逐渐变弱，代谢周期变长，进而导致细胞生成能力降低。细胞向上推移的力量也会逐渐变弱，使得皮肤表面经常堆积大量的老化角质。皮肤变得干燥，角质和角质之间也会生出间隙，神经酰胺等物质减少，表皮变得干瘪，保湿能力和屏障机能大幅减弱，从而引发各种问题，皮肤状态也相应变差。引起新陈代谢变慢的最大原因是年龄增长。我们无法抵抗年龄增长，但只要采取正确的护理方式，就能获得接近理想的新陈代谢周期。

22

Q 根据年龄的不同，新陈代谢的周期是如何变化的？

A 以20岁为界，代谢天数不断增加

随着年龄增长，皮肤的各种机能会不断下降，新陈代谢放缓，循环周期不断延长。在20多岁的时候只需28天就能完成一个代谢周期，到了30多岁时就变成了40天，40多岁时就变成了45天，50多岁时就变成了20岁时的两倍。如此，不具备保湿能力、含有黑色素的老化角质不断沉积在皮肤表面，皮肤表面变硬，无法保持湿润，逐渐变为干燥、暗沉的皮肤。由于屏障机能减弱，紫外线、污染物质等刺激物容易进入皮肤的内部，这也会加快衰老速度。

各年龄层的新陈代谢天数

10岁~	20日
20岁~	28日
30岁~	40日
40岁~	45日
50岁~	55日

如何接近28天代谢周期是护肤的关键所在！

Q 能否通过自身提升新陈代谢能力？

A 可以借助饮食、按摩、护肤品的力量提升代谢能力

新陈代谢之所以逐渐变得缓慢就是因为年龄增长。其中，血液循环不畅、细胞的生成能力衰弱是主要原因。虽说无法抵抗年龄增长，但是可以借助食物、泡澡、按摩等来改善循环。除此之外，最好使用磨砂膏、专用美容液等产品，从物理或化学层面上引发细胞脱落。通过持续地护肤、有意识地提升代谢速度、摄取蛋白质丰富的食物，就能够接近理想的新陈代谢周期。

Q 新陈代谢是否越快越好？

A 如果皮肤表面布满未成熟的细胞，皮肤就会处于容易受刺激的状态

顺畅的新陈代谢能够保证表皮上布满新生细胞，提升保湿能力，有人觉得新陈代谢一定是越快越好，其实不然。本不应该出现在皮肤表面的未成熟细胞会导致皮肤的屏障机能无法顺利发挥其功能，由此皮肤更容易受到紫外线的干扰，引发干燥和其他皮肤问题。基础新陈代谢不会主动加快，但如果患有特应性皮炎等疾病，或采取强力去角质、频繁去角质等错误的护肤方式，就会导致新陈代谢过快。

1 如何让皮肤保持正常的新陈代谢？

进行角质护理

如果不进行角质护理而持续长期护肤，到了30岁左右，就会因堆积的老化角质而使皮肤变得干燥、暗沉。皮肤内部的保湿能力会变低，屏障机能也会衰退。不要只依靠皮肤天然的新陈代谢周期，稍微做出一些干预，皮肤状态就会越来越好。

角质护理能够帮助那些无法维持28天新陈代谢周期的皮肤不断接近理想的周期。保留皮肤表面存留的新角质形成细胞并去除不需要的老化角质是最合适的角质护理。

在进行角质护理时易产生"过度去除角质"的问题。如果每天采用强力去除角质的错误方法，很容易产生干燥、刺痛、红肿等皮肤问题。在使用磨砂膏等物理性手法去除角质时，强力揉搓皮肤也会给皮肤带来损伤。我们应当慎重选择去角质产品，大概每周使用一次，同时观察自己的皮肤状态，以适当的频率和方式进行角质护理。

去除老废角质

磨砂膏

颗粒细小、摸起来很滑的磨砂膏为好

由植物的种子、火山岩等物质的粉末制作而成，多添加在洗面奶中。这些细小的颗粒在皮肤上不断滚动，带出毛孔中的脏东西，还能够通过物理性的摩擦去除老废角质。但是，这种方法多少还是会给皮肤带来一些刺激，所以一定要选择颗粒细小、不会给皮肤带来刺痛感的产品。推荐以油分和保湿成分为基础成分的产品。虽说需要去除角质，但还是注意不要过度。严格遵守说明书中的使用方法。

角质护理美容液

应该选择能够每天使用并促进新陈代谢的产品

医疗美容中所使用的果酸、乙醇酸等去角质成分具有剥离皮肤老化角质的作用。将这些成分浓度调整到适用于个人护理的产品就是角质护理美容液。应该选择每天都能使用、对皮肤刺激性不强的产品。在此基础上如果含有保湿成分就更好了。洗脸或涂抹化妆水后，涂抹这种美容液，最后擦掉，就能够促进角质的新生。

按摩以及其他护理方法

手法要轻柔，注意不要过度"摩擦""撕扯"皮肤

在提升皮肤新陈代谢的同时，通过轻柔摩擦来去除角质的手法也非常有效。但是，如果按摩过度就可能起到反作用，在按摩时一定要搭配按摩膏，注意不要用力过度。除了专门的按摩膏之外，还可以使用平常的乳液和面霜。除此之外，还有将液体涂在皮肤表面然后揉搓的产品，以及干掉后揭下来的撕拉面膜等产品。有的产品会给皮肤带来强烈刺激，在使用时一定要仔细阅读产品说明。

什么样的人需要去角质？

20岁以后新陈代谢就会变慢，因此在25岁身体出现早期衰老信号后，就可以开始考虑进行角质护理。如果皮肤并没有特别严重的问题，成年女性应该定期进行角质护理。在感到皮肤发硬、暗沉、化妆水吸收不佳等状况后去角质，就能直观地感受到角质护理的效果。

守护皮肤的保湿能力是什么

皮肤本源的力量

2

➡就是屏障机能

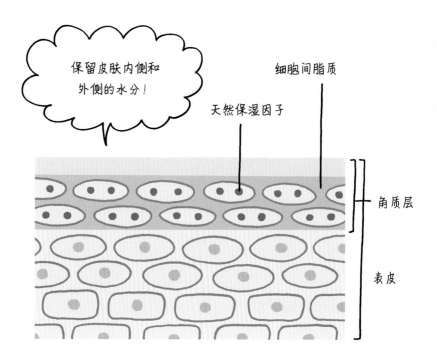

保留皮肤内侧和外侧的水分！

细胞间脂质

天然保湿因子

角质层

表皮

能够保持充分湿润的皮肤就是健康、强韧的皮肤

屏障机能在保护皮肤不受外界刺激和紫外线伤害的同时，还有防止皮肤内侧和外侧的水分流失的作用。新陈代谢低下会引发脸色变差以及皮肤表面问题，而屏障机能低下则会导致皮肤出现刺痛、红肿、发炎等严重问题，即使给皮肤补充足够的水分，也无法将这些水分留存在皮肤中，此时皮肤的一大敌人——紫外线就会直接进入皮肤内部并带来损伤。这会给皮肤水油平衡、弹性、肌理等带来严重的影响，进而出现色斑、皱纹、下垂等现象，加速老化。

在屏障机能中，保湿成分主要是皮脂膜、NMF（天然保湿因子）以及细胞间脂质。皮脂膜是由皮脂和汗液混合而成的物质，会在皮肤的表面形成天然的保湿屏障，防止皮肤内部的水分流失。角质中所含有的 NMF 也能够保持皮肤湿润。最重要的成分则是由神经酰胺、胆固醇等物质组成的细胞间脂质。这些物质填充在多层重叠的细胞的缝隙间，物理性地防止水分蒸发。另外，神经酰胺也有保湿的作用。

Q 导致屏障机能低下的原因有哪些?

A 干燥和屏障机能减弱是相互关联的

导致屏障机能减弱的最大原因就是干燥。也就是说,保持湿润的能力(即防止干燥的屏障机能)会因皮肤的干燥而减弱,导致皮肤无法持续保持湿润,然后加速干燥,这样就形成了恶性循环。除空气干燥引发的皮肤干燥外,年龄增长也会加快皮肤干燥的速度。这就是为什么婴儿时期并不需要的皮肤护理在长大成人后却变得必要。过度清洁也会让干燥变得更严重。随着人们开始化妆的年龄变得越来越小,卸妆的年龄也变得更小,即便是初中生或高中生,开始化妆后,就要注意皮肤的保湿护理。

Q NMF(天然保湿因子)可以从外部进行补充吗?

A 具有相似性质的成分可以起到补充 NMF 的效用

分散于角质细胞间的 NMF 是保持皮肤湿润的主要成分,但是在洗脸的过程中极易流失。因此,如果屏障机能处于正常状态,能够防止其流失,但因干燥引发屏障机能减弱,NMF 就会从防护薄弱的地方不断流失,加快皮肤干燥。在这里,推荐通过护肤来给皮肤补充诸如氨基酸、甘油等与 NMF 具有相同作用的物质。这些物质进入皮肤后,能够起到补充 NMF 的效用。并且,补充存在于细胞间隙的神经酰胺,可以更好地防止干燥,增强屏障机能。

Q 所谓的护肤品"有效"是什么意思?

A 本来不应起作用,但却显得"有效"

原本在日本的药事法中规定,护肤品的目的是"维持健康状态",基本上"对于人体的作用十分温和"。具体来说,护肤品应该是对保持水分、防止紫外线等皮肤本来所具备的机能的补充,并非是对皮肤"有效"的产品。但是近年来,在皮肤科学研究取得进步的同时,护肤品的研发也在不断发展,在从前的护肤品的基础上增加了其他功能。现在护肤品不仅可以作用于角质层,甚至可以深入表皮或更深的皮层,起到美白、淡化皱纹的作用。所以"有效"的护肤品在不断增加。

选择正确的护肤品,获得健康肌肤。

2 如何提升屏障机能？

进行保湿护理

为了增强屏障机能，保湿必不可少。具体来说，保湿是指"补充水分""补充细胞间脂质""覆盖油分"这三项，简单说就是在皮肤上涂抹水分和油分。在皮肤的表面涂抹大量的化妆水并不是合格的保湿护理。应该选择含有神经酰胺、胆固醇等能够填充细胞空隙的细胞间脂质，以及能够促进细胞间脂质生成的产品，这样才能增强皮肤保持水分、防止水分流失等机能。覆盖油分也十分重要。我们的皮肤将皮脂和汗液所形成的皮脂膜作为防止水分蒸发的保护膜，但皮脂的分泌量逐年减少，因此无法完全防止水分蒸发。如果皮肤表面没有足够的油分覆盖，为了保持湿润，皮肤就会分泌过量的皮脂，容易变成油性肤质、混合性肤质。只有通过保湿护理、调节水油平衡才能让皮肤变得更健康。

保持湿润

基础的护理

化妆水 ➡ 美容液 ➡ 乳液 / 面霜 ➡ 防晒

Point 1　水分 ➡ 油分
Point 2　清爽型 ➡ 油脂型

为了让化妆品发挥作用，
应该采取正确的护肤顺序！

　　只要涂抹水分和油分就可以了吗？回答是No。关键在于涂抹的顺序。一般情况下，要先从补充水分的化妆水开始涂。如果先涂油分，皮肤表面就会被油膜覆盖，导致水分无法渗透。在洗脸后涂抹化妆水，能够让水分遍布整个面部，后续的护肤品也能够被皮肤充分吸收。接下来，应该涂抹油分比化妆水多、比乳液和面霜少的美容液。最后，为了锁住先前给予皮肤的水分再涂抹油分。在叠加使用几种不同的护肤品时，应该先涂抹清爽的水分，然后再涂抹浓厚的油脂类护肤品。以上为涂抹护肤品的基本步骤，但是有些产品也会推荐不同的护肤步骤，如要求按照乳液→化妆水的顺序，洗脸后使用导入型美容液，等等。不知如何使用时，应该认真阅读说明书，或者咨询专柜的店员。

紫外线会导致屏障机能低下！

　　在受到紫外线照射时，皮肤为了保护自己，会加厚角质隔绝紫外线。进而导致水分难以渗透，保湿能力也会下降，皮肤会更容易受到刺激，加速干燥。此时新陈代谢紊乱，皮肤内部容易产生炎症。所以，在保湿的同时也必须要做好防晒，守护屏障机能。

3 从根本上缔造皮肤的物质是什么
➡就是健康的细胞

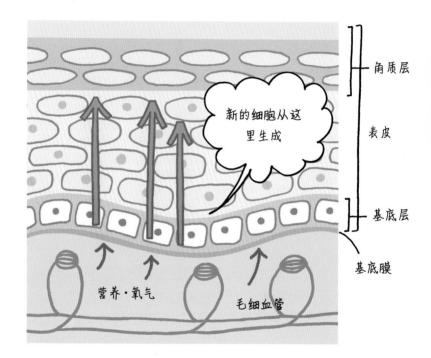

为了让细胞充分发挥功能该怎样做？

皮肤组织存在无数细胞。只有每一个细胞都处于健康的状态，皮肤本源的力量才能得以发挥，从而孕育出健康、强韧的皮肤。但是，如果细胞没有活力，就会导致新陈代谢紊乱，屏障机能减弱，皮肤整体都会处于不健康的状态。

覆盖在皮肤表面上的角质层由角质形成细胞（keratinocyte）构成，其根源为表皮干细胞。表皮干细胞在变为基底细胞的同时，会创造出自身的复制品。因此，表皮干细胞永远不会消失。基底细胞变为角质形成细胞只是最开始的一步，如

果基底细胞没有活力，则无法进入下一个步骤，也无法在过程中生成细胞间脂质、透明质酸等保湿因子。

真皮中有真皮干细胞，同时会产生出纤维芽细胞。纤维芽细胞不仅能够产生使皮肤紧致和富有弹性的胶原蛋白、弹性蛋白，同时也和透明质酸等物质的生成有密切的关系。顺便一提，让细胞处于有活力、健康的状态才是健康皮肤的真谛。

Q 我们的皮肤是如何代谢更替的?

A 表皮通过新陈代谢，真皮通过产生 & 分解

表皮的基础是位于表皮和真皮的交界处的表皮干细胞。在这里会产生基底细胞，并且基底细胞在改变形态的同时，被新产生的基底细胞不断向上推移。过程中会变为棘细胞和颗粒细胞，最终成为角质形成细胞到达皮肤的表面，然后在新陈代谢的作用下自然脱落，和新角质形成细胞完成更替。在真皮层，真皮干细胞会重复产生并分解胶原蛋白和弹性蛋白，以此保证皮肤不断再生。如果这些细胞的生成能力下降，那么再生就无法顺利进行，从而导致皮肤老化。

皮肤本源的力量 ❶ ~ ❸ 之间有密切的联系!

Q 现今流行的细胞护肤品、DNA 护肤品是什么?

A 主要是能够直接作用于皮肤本源——细胞的最新技术

提出"关注皮肤的 DNA""加强对细胞的修复作用"等概念的护肤品不断出现。这些护肤品关注干细胞在分化时会产生自身的复制品这件事，希望加快复制的速度，帮助复制更顺畅地进行，从而产生新的健康细胞。也有护肤品着眼于阻碍能够分解胶原蛋白、弹性蛋白的酶的活动，或者关注能够抑制老化的长寿 DNA，但是这些领域的研究还有待进一步加深。

Q 应该在饮食中积极摄取什么物质?

A 产生细胞的"蛋白质"

有许多人都认为应该"为了皮肤多摄取维生素"，但是构成皮肤的细胞最需要的物质其实是蛋白质。我们的皮肤细胞构成大概包括20种氨基酸，氨基酸也是 NMF 的本源。而氨基酸的集合体则是蛋白质。如果过于在意热量而不吃肉类，那就大错特错了。由于错误的减肥方法和饮食习惯，很多女性都有蛋白质摄入不足这一问题。蛋白质是皮肤之源，也是细胞之源。平时要注意多摄取含有优质蛋白质的蛋类、鱼类、肉类、大豆等食物。

进行保湿护理

皮肤本源的力量

3 如何孕育健康细胞？

应该采取抗氧化对策

　　为了孕育健康的细胞，最重要的对策就是调整饮食结构。能够成为细胞材料的蛋白质，能够转化为皮肤能量的碳水化合物，有助于皮肤健康的矿物质和维生素以及维持皮肤湿润所需的脂质，我们在平时应该注意均衡地摄取这些物质。

　　与此同时，必须要保护皮肤不受两大敌人——紫外线（外在因素）和活性氧（内在因素）的损害。紫外线不仅能够伤害细胞的内核，还能够产生活性氧。活性氧能够让细胞"生锈"、机能紊乱，妨碍能够帮助细胞再生的酵素的作用，加速皮肤老化。

　　这时我们应该采取抗氧化对策。例如，可以通过饮食摄取，或是在皮肤表面涂抹含有维生素 A、维生素 C、维生素 E，以及番茄红素、虾青素、多酚等抗氧化成分的护肤品，防止细胞"生锈"，保护皮肤不受活性氧的伤害。同时，阻挡能够促使人体产生活性氧的紫外线也十分重要，摄取构成皮肤的"原料"，防止损伤才是正确的做法。

保护皮肤不受活性氧的伤害

专用美容液

在皮肤表面涂抹抗氧化成分，守护和孕育健康的细胞

应该使用含有大量维生素 A、维生素 C、维生素 E 和多酚、辅酶 Q10、胎盘素等抗氧化物质的护肤品。通过直接涂抹在皮肤表面，抑制皮肤上产生的活性氧，帮助皮肤顺利地再生和修复，减缓衰老。皮肤原本所具备的抗氧化能力会随着年龄增长而不断下降，针对皱纹、下垂等问题的全方位抗衰老美容液中大多含有这些物质。

防晒

选择能够阻挡污染物质的产品，以及含有抗氧化成分的产品

产生活性氧的最大原因就是紫外线。紫外线能够破坏屏障机能，带给皮肤各种问题，平时应该涂抹防晒霜，使用遮阳伞来阻挡紫外线。在选择防晒霜时，需要注意其中是否含有抗氧化成分。像紫外线一样促进活性氧产生的还有污染物质，最近也有产品能够阻挡这一物质。我们应该仔细选择最新研发的防晒霜。

正确的饮食

摄取含有抗氧化成分的食物，不吃氧化的食物！

番茄中的番茄红素、鲑鱼中的虾青素、绿茶中的儿茶酚等都是出色的抗氧化成分。同时，有意识地摄取含有抗氧化维生素 A、维生素 C、维生素 E 的水果、蔬菜也十分有效。不吃已经氧化的食物同样十分重要，特别要注意的是接触空气后就在不断氧化的油。所以不应吃油炸食品以及薯片等零食。在使用亚麻籽油、紫苏油等对身体有好处的食用油时，也要在开封后尽快食用。

不要忘记"抗糖化"！

应该和抗氧化一同进行的是抗糖化。二者给细胞带来损伤的影响力之比为9∶1，虽然氧化给细胞带来的伤害更大，但糖化也是不容忽视的敌人。如果因为喜欢米饭、意大利面，以及甜度过高的红酒、啤酒而过度摄取糖分，进入身体的糖分就会与蛋白质结合并变性，导致皮肤变硬、发黄。平日容易过度摄取糖分的人要注意这一点。

NUTRITION

健康皮肤需要
营养的理由

- 不认真吃饭会加快皮肤老化?
- 我们所缺少的营养是什么?

不认真摄取
营养就无法变得
漂亮!

了解日本女性的"营养问题"

在日本，人们何时何地都能够吃到美味、喜爱的食物。
但这样可能会造成营养过剩、热量过高？现实恰恰相反！
十分关注美容的日本女性所特有的"营养问题"是什么？

问题 1 其实是"营养失衡"！

过分重视热量会导致营养失衡？

日本有大量24小时营业的便利店和快餐店，人们在想吃东西时非常容易就能够得到满足。因此，即便提到"营养失衡"，也会有很多人无法认同。但是，吃饱并不意味着均衡地摄取了营养。其中最主要的原因就是减肥。过分在意体重、采取错误的减肥方法、限制热量，从而导致营养失衡，甚至会产生贫血、便秘等问题。在现代人的饮食生活中，有很多像零食、酒等无营养但高热量（即高热量低营养价值）的食品。由图可以看出日本女性的热量摄入量逐年减少。如果不好好地摄取营养素，就会失去健康的身体和皮肤。

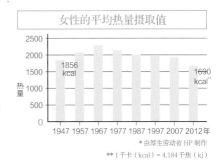

女性的平均热量摄取值

1856 kcal

1690 kcal**

热量

2500
2000
1500
1000
500
0

1947 1957 1967 1977 1987 1997 2007 2012年

*由厚生劳动省 HP 制作
** 1 千卡（kcal）= 4.184 千焦（kj）

问题 2 大家自以为吃饭了

吃东西不等于摄取营养！

当调查那些"每天都吃很饱"的人的饮食内容时，有很多人都回答"因为方便，我午餐经常吃意大利面""没时间，先吃点零食让肚子不饿""因为健康，我吃饭都以蔬菜为主"。这样只能获得不均衡的营养。在我们所进行的饮食调查中，20～30岁的女性中有六成人有肉类、鱼类、大豆等蛋白质摄取不足的问题。如果长期坚持无法给自己身体带来足够营养的饮食习惯，容易导致眼袋、皮肤暗沉和干燥等问题。

只有蔬菜

只有零食

只有碳水化合物

只吃一道菜

使你产生"自以为吃了"的错觉，还会加速衰老的饮食

便利店中的饭团和粉丝汤

✏ 问题点 ✏

- 容易导致碳水化合物、盐分的摄取量过多
- 即便热量很低，营养也不均衡

没有时间的人会经常选择吃便利店中的食物。由于吃起来很方便的饭团中都是米饭，所以容易导致摄取过多的碳水化合物。看起来健康的粉丝中除了一些矿物质，基本上也都是碳水化合物。吃速食粉丝，还要注意盐分可能会摄取过多。营养不均也是产生疲劳感、体力低下、皮肤暗沉的原因之一。

用蛋糕和零食代替正餐

✏ 问题点 ✏

- 完全没有摄取身体所必需的营养素
- 只摄取糖分却无法将它转化为能量

喜欢吃大量的甜点、独居而不想做饭的人会经常选择用蛋糕来代替正餐。蛋糕、零食等食物虽然有足够的热量，但却完全没有营养。像这样，维生素和矿物质摄取不足会导致糖分无法转化成能量，从而引发贫血、眼袋、血液循环不良等问题。

卷心菜和凤尾鱼意大利面，沙拉和面包

✏ 问题点 ✏

- 蛋白质不足导致皮肤没有光泽感
- 意大利面和面包会导致糖分摄取过多

这也是大家容易在午餐时选择的不均衡的饮食之一。面包和意大利面的原材料都是面粉。面粉、大米等精制食物中所含有的人体所必需的蛋白质的量非常低，也几乎没有维生素。而蛋白质是胶原蛋白和弹性蛋白的原料。如果一直这样吃，在20岁左右，皮肤就会失去弹性。

没有时间、在减肥、想要吃最喜欢的甜品……继续这样则无法获取均衡营养的饮食生活，身体内部就会开始老化！这里，我们将以常见食物为例来说明与身体和营养有关的问题。

含有大量蔬菜的沙拉和汤

🖊 问题点 🖊

■ 只摄取蔬菜，身体也不会变得健康

■ 产生皱纹和下垂很明显的衰老面孔！

在减肥时，有很多人都想要健康，因此只摄取蔬菜。只有蔬菜的饮食虽然看起来很健康，但是在减掉体重的同时却无法获得肌肉，容易引发皱纹、下垂、浮肿等问题。应该和构成肌肉的蛋白质、能够转化为能量的碳水化合物以及保持肌肤湿润和光泽的脂质一同均衡摄取。

油豆腐乌冬面外卖

🖊 问题点 🖊

■ 引发血糖值的急速上升/急速下降

■ 加速糖化，导致皮肤衰老

几乎都是碳水化合物和油脂的不良饮食。乌冬面和油豆腐都是以容易提高血糖值的面粉为原料，人们食用过后血糖值会上升。血糖值急速上升后也会急速下降，而大脑会再次发出摄取糖分的指令，这就产生了导致肥胖的恶性循环。并且，这种饮食还容易使皮肤干燥、浮肿、变硬，加速皮肤糖化（参见17页）。

重新审视饮食不均衡的生活！

吃起来方便的食品大多都含有过多的碳水化合物、糖分和脂质。这反而会导致构成血液、肌肉、皮肤的蛋白质摄取不足。并且，要将糖分转化成能量需要摄取猪肉和发芽米中的维生素 B_1，为了代谢脂质需要摄取鱼类和蛋类中含有的维生素 B_2。如果这些物质摄取不足，身体中会堆积大量中性脂肪，不仅容易使身体发胖，还容易引发使皮肤过早衰老的糖化反应。所以，平时注意不要只吃一种食物，应该让食材的选择多样化。

"低热量减肥"会引发衰老

体重和肌肉量同时减少，面部变得衰老！

所谓的低热量减肥法的实质就是减少摄取碳水化合物，以及高热量的肉类和蛋类等食物，控制食量。你是不是也是这样认为的？但是，这样肌肉量会和体重同时减少，不仅是胸部和臀部的肌肉，连维持笑容的表情肌都会衰退，皮肤也会松弛。饮食量不足还会引发便秘。如果无法正常排便，全身会从内而外地加速皮肤老化。

BMI 在18.5以下的偏瘦女性，血液中的脂肪量也容易过少。而作为光泽的皮肤与头发之源的女性激素的量也会减少，这不仅会引发皮肤暗沉和干燥，骨头也会更脆弱。像这样，没有维持正常饮食的低热量减肥不仅没有让人变得更漂亮，反而加速了女性的衰老。

■ BMI的计算方法

BMI= 体重［kg］÷（身高［m］×身高［m］）

分类	BMI
正常体重	18.5 ~ 24.9
1级肥胖	25 ~ 29.9
2级肥胖	30 ~ 34.9
3级肥胖	35 ~ 39.9
4级肥胖	40以上

BMI指数是衡量人体肥胖程度的分级方法，用1~4这四个等级来判断肥胖程度。BMI 在18.5以下为偏瘦、营养不良。人们从饮食中摄取的营养用来维持生命和健康后，剩余部分会供给皮肤，因此，如果营养状态不好，皮肤的状态也会变差。如果不认真吃饭，营养就无法供给皮肤。

对皮肤产生的影响有？

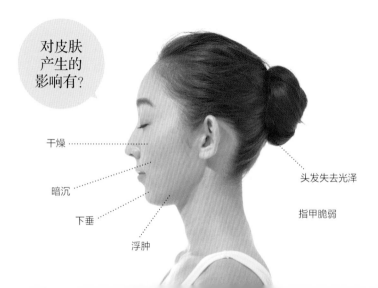

干燥
暗沉
下垂
浮肿
头发失去光泽
指甲脆弱

"体重"只是表面上的数字

体重＝水分＋骨头＋肌肉＋脂肪

肌肉1 kg ＞脂肪1 kg

女性对于体重的增减十分敏感。但体重并非是判断身材好坏的决定性因素。例如，在相同的质量下，肌肉密度是脂肪密度的1.2倍，肌肉量很多的运动员的实际体重比看上去要重。以BMI和体脂率为标准更能够获得健康的美感。

调查"日本第一美女"们的体脂率后，我们发现完美身材的标准是体脂率为21%（±2）。低于17%容易产生停经等问题，需要注意。看起来身材很苗条的人也可能有体脂率过高、隐性肥胖等问题。人类身体的大约60%是水分。女性在月经前有储存水分的生理时期，因此一个月中会有2 kg左右的体重浮动。因此，不要过分在意体重的增减。

与体重相比，视觉上的美感更重要！

看起来热量很高……

■ 碳水化合物
■ 脂质
■ 蛋白质

由于1 g糖类能储备3 g的水分，如果去掉碳水化合物，就会导致水分被大量排出，体重快速降低。但是，碳水化合物中含有膳食纤维，会影响肠内环境。所以应该采取先吃蔬菜以防止血糖值快速上升的饮食方法。并且，减肥中最不可缺少的就是蛋白质。因此要均衡地获取肉类、鱼类、蛋类、大豆等食物，防止肌肉减少。此外还需要摄取保持皮肤湿润的良性油（脂质）。

种健康皮肤所必需的营养素

有健康的身体才有健康的皮肤！为此，我们应该要先了解身体必需的营养素。下面我们就来快速了解碳水化合物、脂质、蛋白质、维生素、矿物质、膳食纤维这些物质的作用吧。

发芽米

【应该关注的营养素】

■ 碳水化合物
■ 维生素
■ 矿物质
■ 膳食纤维

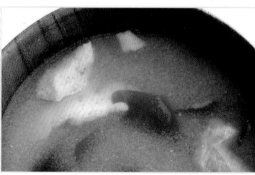

含油豆腐和裙带菜的味噌汤

■ 蛋白质
■ 脂质
■ 矿物质
■ 膳食纤维

烤鱼

■ 蛋白质
■ 脂质（必需脂肪酸）
■ 矿物质

三大营养素

维持人体活动所不可或缺的物质被称为三大营养素，分别为碳水化合物、脂质、蛋白质。三大营养素作用于身体和皮肤，是最重要的能量来源，不能摄取过多或不足，均衡摄取是最关键的。

1 碳水化合物

对于我们的大脑和身体来说，碳水化合物是最主要的能量源。碳水化合物主要有两类：能够被人体吸收并转化为能量的"糖类"和人体无法吸收并被排出去的"膳食纤维"。糖类在体内会转化成葡萄糖并被人体吸收，作为能量被使用。糖类对于肠内细菌也是十分有益的，而膳食纤维则起到调节肠内环境的作用。

➡ ✎ 不足的话会怎样？ ✎

能量供给不足，使人容易变瘦的乳酸菌也会减少？！

活动量过大而碳水化合物不足就会导致能量不足。于是，人不仅会变得容易疲劳，还有可能变成易胖体质。近期的研究显示，如果肠内细菌喜好的糖类和膳食纤维不足，具有美肌和减肥效果的乳酸菌也会相应减少。

2 脂质

说到油（即脂质），可能会有很多人觉得这就意味着肥胖。但是，脂质能够使大脑机能维持在正常状态，还能形成皮脂膜以维持正常体温。脂质中的必需脂肪酸也是被称为"美肌成分"的"神经酰胺"的原材料。维持女性身材和柔软皮肤的关键就是女性激素，而脂质中的胆固醇也是女性激素的材料。但是，脂质有很多种类，我们要选择良性的脂质并注意适度摄取。

➡ ✎ 不足的话会怎样？ ✎

皮肤干燥，容易过敏？！

如果不摄取脂质，保持皮肤水分的神经酰胺就无法发挥作用，皮肤会立刻失去水分。采取极端手段限制脂质摄入，体内脂肪也会减少，从而引发激素分泌紊乱、月经不调等问题。此外，脂质关乎体内炎症的产生和抑制，所以脂质不足也会导致特异反应性和过敏加重。

3 蛋白质

人体的血液、肌肉、激素、皮肤、头发等的主要成分就是蛋白质。蛋白质能将氧气输送至全身，提高免疫力，它也是构成胶原蛋白和弹性蛋白的原料，是维持健康、美容的不可或缺的物质。氨基酸是构成蛋白质的基本单位，人体蛋白质大约由20种氨基酸组合而成。其中的9种无法在体内生成，只能在日常饮食中获取。

➡ ✎ 不足的话会怎样？ ✎

皮肤的弹性和水分不足，整个身体加速老化？！

作为"美丽部件"的皮肤、头发、指甲都含有角蛋白这种基础蛋白质。胶原蛋白、弹性蛋白、天然保湿因子（NMF）也是如此。如果蛋白质不足，就会引发皱纹、松弛、干燥等问题，让皮肤看起来比实际年龄更老，还会引发浮肿、脱发、贫血等问题。

鸡蛋烧

▦ 蛋白质
▦ 脂质（必需脂肪酸）
▦ 维生素
▦ 矿物质

纳豆

▦ 蛋白质
▦ 维生素
▦ 矿物质
▦ 膳食纤维

拌青菜

▦ 维生素
▦ 矿物质
▦ 膳食纤维

常识！

日式食物能塑造美好肌肤！

　米饭、味噌汤、烤鱼、纳豆、腌菜等营养均衡的日式食物都是美丽肌肤的宝库。从中人们能够摄取令肌肤产生光泽的优质蛋白质，而味噌汤和纳豆、腌菜等发酵食品则有使促进消化与吸收的肠内细菌增多的效果。日本人常年都在食用的日式食物可以称之为美肌饮食。

每天应有一餐选择营养均衡的日式食物！

副营养素

参与三大营养素代谢过程的是维生素、矿物质、膳食纤维等副营养素。如果没有这些副营养素，无论摄取多少营养素也无法维持健康的身体和皮肤。我们的身体同时也需要副营养素来支撑。

4 维生素

维生素虽然在人体内的含量较少，但确实是能够维持人类生命所必需的营养素和辅酶。维生素与碳水化合物、脂肪、蛋白质的代谢有关，能够让细胞变得更活跃，提升免疫力，改善人体的血液循环。拥有强大抗氧化作用的维生素能够预防皱纹、色斑、痤疮，具有阻止皮肤老化的作用。维生素包括能够溶于水的水溶性维生素和能够溶于油脂的脂溶性维生素，要注意调理的方法。

➡ 🖌 不足的话会怎样？ 🖌

皮肤变差，痤疮频发！皮肤也会加速老化

维生素不足会导致三大营养素无法在体内转换成能量，让人容易感到疲倦和焦虑。也使得皮肤无法获得充足的营养，导致产生胶原蛋白的原材料不足，皱纹、下垂、色斑等皮肤问题不断显现。皮肤粗糙和痤疮等皮肤问题也难以根治。

5 矿物质

和维生素一样，矿物质也能够协助三大营养素发挥作用。它是骨骼、牙齿的原料，也关乎细胞的新陈代谢，能够合成给全身输送养分的血红蛋白、激素、胶原蛋白等，是维持身体和皮肤机能正常所不可或缺的营养素。以钙、铁、锌为代表的矿物质多在海藻、鱼类、贝类、豆类中蕴含。人们如果不注意饮食结构，很容易引起矿物质不足。

➡ 🖌 不足的话会怎样？ 🖌

皮肤暗沉，骨骼、牙齿、头发、指甲都会变得脆弱

如果缺乏矿物质，骨骼、牙齿、头发、指甲都会变得脆弱，同时也会引发贫血。而人体内的氧气不足，皮肤就会变得暗沉，容易产生眼袋。在胶原蛋白和角蛋白的合成，以及帮助维生素更好地发挥作用等方面，矿物质是不可或缺的物质。因此，有必要在日常饮食中注意鱼类和贝类的摄取量。

6 膳食纤维

膳食纤维是无法被人体吸收而被排出体外的一类物质。有能够让肠内活动变得更活跃、促进排便的作用。膳食纤维能够让脂质和糖分的吸收变得更稳定，抑制血糖值上升。因此，在摄取糖分时一同摄取膳食纤维，能够抑制导致皮肤老化、变硬的糖化作用。膳食纤维还能调节肠内菌群平衡，是营养吸收时不可或缺的物质。

➡ 🖌 不足的话会怎样？ 🖌

便秘、皮肤变差……从体内开始加速衰老

膳食纤维不足，首先肠内活动会变慢，引发便秘。如果没有及时排便，毒素就会在体内循环，加速老化。由于肠内环境变差，好不容易摄取的营养也无法顺利被吸收，会导致皮肤干燥、暗沉。

三大营养素 - ①
碳水化合物

　　碳水化合物能够促进消化吸收，快速补充人体能量。最近，碳水化合物被认为是加速皮肤和身体老化的糖化之源头、减肥的敌人，而被人们避而远之。但是，为了保持身体健康、获得水润肌肤，碳水化合物是必需的营养素。

碳水化合物对于维持生命至关重要。但另一方面，摄取过量也会有不好的影响？！

提到碳水化合物，或许有很多人都会想到米饭、面包、面条等食物，其实水果和砂糖等含有的糖分也是碳水化合物的一种。在人体内能被分解的碳水化合物会转换成作为能量的"糖分"，而无法被分解的"膳食纤维"则会被排出体外。糖分会转化成葡萄糖，成为给大脑、肌肉、全身输送氧气的能量来源。并且，碳水化合物有改善肠内环境、维持美丽肌肤的效果。

能够吸收构成美丽肌肤和头发的必需营养素的脏器就是肠。肠内有1000兆以上的肠内细菌，这些细菌会提供人体无法自身生成的维生素和能量。作为这些肠内细菌的营养供给的就是碳水化合物中含有的糖分。但是也要注意不要摄取过多的碳水化合物。能够充当能量的糖分也容易作为中性脂肪堆积在人体中。由于饮食后血糖值的急速上升，糖和蛋白质相结合，形成糖化现象。糖化会使保持皮肤弹力所必需的胶原蛋白大量流失，不断加速皱纹、暗沉、变硬等皮肤的老化。为了皮肤，为了身体，要抑制血糖值的上升，因此应该适度摄取未精制的碳水化合物和水果果糖等物质。

含碳水化合物的食物

糙米、大米、年糕、面包、荞麦面、乌冬面、意大利面、薯类、砂糖、饼干、蛋糕 等

早、中、晚各食用一碗米饭

在摄取碳水化合物时，要预防血糖值的急速上升。不吃早饭，一天中血糖值会很容易上升，所以应该在早、中、晚均衡地摄取碳水化合物。标准为一碗，即240 kcal。应该选择不容易让血糖上升的发芽米、粗粮。如果想要减肥，应该认真吃早饭和午饭，晚饭可以少吃。

新常识！

"戒糖减肥"的真相

你是否也认为戒糖减肥就是无碳水化合物减肥？其实，碳水化合物也分为容易让人发胖和不容易让人发胖这两种类型。面粉、精白米、白砂糖等"白色物质"容易让血糖值上升，让人变胖。但是，糙米等"黄色物质"则不容易让血糖值上升，也不容易让人变胖。血糖值急速上升会引发使皮肤老化的糖化反应。如果想要变美，不应该完全不摄取碳水化合物，而是要选择不易让人发胖的碳水化合物。

碳水化合物并不是恶性物质！要适量摄取

三大营养素－②
脂质

我们在日常饮食中无意识地摄取了各种油，也就是脂质。在这之中有对身体有益的脂质，也有对身体有害的脂质吗？如果想要维持皮肤健康，摄取良性的脂质是大前提。如何选择脂质是保持肌肤水润的关键。

想要获得平滑、湿润的皮肤，就要有选择性地摄取脂质

在三大营养素中，脂质能够产生最多的能量。摄取过多的脂质就会发胖，但这也只是脂质作用于人体的一个侧面。人体内的脂质主要有三类：中性脂肪、磷脂、胆固醇，其中中性脂肪作为储存能量能起到维持体温的作用。胆固醇能产生被称为"激素之母"的 DHEA，这是带来光泽皮肤和头发的女性激素的原材料。磷脂和胆固醇可以促进对抗氧化能力较高的脂溶性维生素的吸收，也能够预防衰老。

脂质的摄取方法也很关键。在这里首先给大家介绍关于油（脂肪）的基础知识。像植物油这样在常温下保持液体状态的油被称为"不饱和脂肪酸"，不饱和脂肪酸包括能够在人体内合成的"非必需脂肪酸"，以及人体内不能合成的"必需脂肪酸"。必需脂肪酸不足，皮肤和头发会失去光泽，激素的分泌也会受到影响。但是，必需脂肪酸中含有如摄取过量就会引发炎症的亚油酸，在摄取时应该注意（参见右下角专栏）。高明地摄取脂质是获得健康皮肤的第一步。

含有脂质的食物
橄榄油、芝麻油、
玉米油、紫苏油、
黄油、猪油、芝麻、
杏仁 等

应该远离的油 反式脂肪酸！

为了保持皮肤的湿润以及维持屏障机能的正常运作，脂质是必要的。但是，用于咖啡中的植脂末和人造黄油中含有的反式脂肪酸不仅会增加心脏梗死、脑梗死等动脉硬化的风险，还会引发排卵障碍。排卵障碍是不孕症的主要原因！因此对于女性来说，反式脂肪酸是必须要远离的油。

新常识！

应该多摄取的油
ω-3系必需脂肪酸

紫苏油和亚麻籽油中含有的 α-亚麻酸（ω-3系）有抑制炎症、降低血脂的作用。由于这种油不耐热，所以要直接淋在蔬菜上食用。能够促进对黄绿色蔬菜中的番茄红素、脂溶性抗氧化成分维生素的吸收。并且，还应该摄取能够降低低密度脂蛋白值、预防动脉硬化的橄榄油等油酸（ω-9系）。

新常识！

应该减少摄取的油
ω-6系必需脂肪酸

在家庭、餐厅、加工食品中多使用的是玉米油、葵花籽油、红花籽油等亚油酸（ω-6系）。这种油氧化后容易变成促进炎症的物质，会让原本状态不好的皮肤变得更差，让特异反应性、过敏变得更严重。现代人摄取 ω-6系和 ω-3系必需脂肪酸的比例为 20:1，也就是过量摄取，所以应该向着 4:1 的理想值靠近。

三大营养素－③
蛋白质

可以说，蛋白质是组成人体的必需物质之一。内脏、血液、肌肉、皮肤、头发的原材料都是蛋白质。所以，应该每天认真地摄取蛋白质，维持健康身体。美丽的皮肤是由健康的身体带来的。

只有充分摄取构成身体基础的蛋白质，才能拥有健康强韧的皮肤

我们身体组织的60%都是水分，其余部分的70%都是由蛋白质构成的。心脏等脏器、骨头、肌肉、皮肤也是由蛋白质构成的，酶类、激素、DNA的形成也与蛋白质有关。对于人类在生存上不可或缺的蛋白质，其中一些是在人体内无法合成的，构成这些蛋白质的就是必需氨基酸。人体的蛋白质是由大约二十种氨基酸组合而成的。

在这之中，人体无法合成的九种氨基酸被称为必需氨基酸，只能从食物中获取。如果必需氨基酸不足，肌肉量会减少，还会引发皮肤下垂和皱纹。并且，氨基酸也是构成保持皮肤水分的NMF（天然保湿因子）以及支撑皮肤紧致和弹力的胶原蛋白、弹性蛋白的原材料。摄取足够的蛋白质，增加氨基酸的供给量，就能够改善美丽肌肤所需要的条件——"保湿能力""弹力""柔软性"，促进新陈代谢，造就健康强韧的皮肤。

虽然肉类、鱼类、大豆、蛋类等食品中多含有蛋白质，但根据食品种类的不同，其中所含有的氨基酸的种类也不同。参考将氨基酸平衡数值化的"氨基酸评分表"（参见113页），这样能够更有效地摄取蛋白质。

含有蛋白质的食物

蛋、牛肉、猪肉、鸡肉、鱼类、贝类、鱼子、豆腐、纳豆、奶酪、酸奶 等

蛋白质是氨基酸的集合体

氨基酸就像是构成蛋白质的"砖块"。100个氨基酸组成的物质就是蛋白质，而100个以下氨基酸组成的物质则是最近经常听到的缩氨酸。这些物质会被分解为氨基酸，然后被人体吸收，其中氨基酸数量较少的缩氨酸，以及氨基酸的单体不会给肾脏和肝脏带来负担，更容易被人体吸收。

新常识！

氨基酸可以创造健康美丽的皮肤、头发和指甲！

无论是皮肤、头发，还是指甲，都是由名为角质蛋白的蛋白质所构成的，只有摄取足够的作为蛋白质原料的氨基酸，才能获得健康的皮肤和头发。氨基酸也是保持皮肤水分的NMF（天然保湿因子）的原材料。有报告显示，增加氨基酸的摄取量也会提升皮肤的含水量。并且，控制黑色素的生成、防止黑斑的半胱氨酸也是氨基酸的一种，有从内部防止晒伤的效果。

健康的皮肤和有问题的皮肤的氨基酸含量的对比
（在健康皮肤的氨基酸含量为100的情况下）

氨基酸含量

100
60

健康的皮肤　有问题的皮肤

＊味之素株式会社

副营养素－①

维生素

如果想要永远保持年轻、美丽的肌肤，就要认真摄取具有抗衰老效果的维生素。肉类、鱼贝类、蔬菜和水果等食物中含有各种不同种类的维生素，首先应该了解各种维生素的作用，才能深层次解决皮肤问题。

为了美丽肌肤，应该每天均衡地补充维生素！

维生素是支持碳水化合物、脂质、蛋白质代谢的辅酶，是维持健康、美容、身体发育的不可或缺的存在。维生素包括九种能够溶于水的"水溶性维生素"和四种"脂溶性维生素"（维生素 A、D、E、K），后者与油脂一同摄取的话能够提高其被吸收率，每种维生素的效果也不同。这里首先给大家介绍各种维生素的作用。

从身体内部创造有弹力的皮肤的是维生素 A。在减少皱纹的护肤品中经常使用的视黄醇也是维生素 A 的一种。给细胞提供能量的则是 B 族维生素，也被称为"皮肤科维生素"，它能给皮肤和头发带来弹力，改善皮肤问题和痤疮。作为"美白维生素"而广为人知的维生素 C 因具有高抗氧化作用，可以预防色斑，促进胶原蛋白的合成和免疫力。被称为"重现年轻的维生素"的维生素 E 能保护红血球不受促进老化的活性氧的影响，同时促进血液循环，也能调节激素分泌。最近备受瞩目的是维生素 D，维生素 D 能够修复皮肤，也经常用于治疗特应性皮炎。只要被阳光照射，就能在体内生成这种维生素，所以我们应该进行适度的日光浴。综上所述，维生素是皮肤不可或缺的养分。

含有维生素的食物

维生素 A
鳗鱼、肝、胡萝卜

B 族维生素
发芽米、猪肉、纳豆、肝

维生素 C
柠檬、橙子、红辣椒

维生素 D
鲑鱼、秋刀鱼、蛋、蘑菇类

维生素 E
咸鳕鱼子、南瓜、牛油果等

预防皮肤问题 关注生物素！

生物素是肠内细菌产生的维生素的一种，具有预防皮肤炎的效果。投入大量生物素的"生物素疗法"也被用于治疗特应性反应等皮肤问题以及过敏问题。由于生物素和胶原蛋白的合成也有关，因此在美国作为"美肌维生素"而广为人知。偏食或长期服用抗生素，容易造成生物素不足。

新常识！

思慕雪的酵素对美容没有效果？

含有大量酵素的思慕雪对美容有效吗？在美国，提到酵素就是指帮助消化的"消化酵素"。在日本则是指让蔬菜或水果发酵后产生的"发酵精华液"和代谢酵素。发酵精华液中含有维生素和矿物质等微生物分解后的物质，为了肠胃健康应该摄取，但它和酵素不是同一种物质！如果很关注酵素，那么就应该担心作为人类酵素——代谢酵素的材料的蛋白质和矿物质不足。

副营养素 - ②
矿物质

　　维持我们身体和皮肤健康所不可缺少的就是矿物质。但是，由于偏食和压力，有很多人都存在矿物质不足的问题。坚硬的骨骼，洁白的牙齿，玫瑰色的双颊，闪亮的秀发，这些都展现了矿物质的力量！一起来探索这神奇的营养素吧。

日本女性容易缺乏矿物质！健康的身体，以及有光泽的皮肤都跟矿物质息息相关

容易疲劳、皮肤暗沉，这些都是矿物质不足所导致的吗？矿物质是骨骼和血液的原材料，维持并能够让人类身体生长的"必需矿物质"有16种，每种矿物质都有不同的作用。其中的代表选手就是钙。99%的钙用于骨骼和牙齿的形成，剩余的部分则用于肌肉的伸缩、安抚神经、分泌激素、抑制过敏、维持身心健康等。镁也关系着蛋白质的合成，给予身体和皮肤活力。铁负责合成能够向全身输送养分的红细胞中的血色素。每个月，处于月经期的女性容易流失大量的铁，为了防止贫血，塑造有气色的好皮肤，应该积极摄取铁。锌与细胞的新陈代谢有关，能够促进新陈代谢，是可以帮助获取有光泽的皮肤和头发的有用的矿物质。锌也很容易缺乏，因此在海鲜盛产的季节应该多吃含有锌的牡蛎。容易摄取过量盐分和经常在外面吃饭的人，以及容易水肿的人应该多摄取能够调节体内水分平衡的钾。最近，由于饮食上的不均衡、食物中矿物质较少等，许多人都有矿物质不足的问题，矿物质的过量摄取或摄取不足都会给健康带来很大影响，在摄取时应该注意用量。

含有矿物质的食物

钙
酸奶、奶酪、羊栖菜
镁
杏仁、大豆、发芽米
铁
红肉、鱼、小松菜、大豆、羊栖菜、贝类
锌
牡蛎、肝、鳗鱼、牛肉
钾
海藻类、牛油果、鲣鱼 等

每周应该吃三次海藻类食物！

由于饮食生活的欧美化倾向，喝味噌汤的机会在急剧减少。因此，海藻类的摄取量也在减少，缺乏碘和钙的女性也在不断增加。这些矿物质能够提高代谢速度，消除浮肿，所以它们对美化身体、面部线条至关重要。应该保证一周三次摄取裙带菜、海带等海藻类食物。

常识！

矿物质中也存在对身体有害的物质？

矿物质分为钙、铁等"有益矿物质"和汞、铅等"有害矿物质"。有益矿物质不足，容易导致"有害矿物质"的堆积，从而引发特应性反应、过敏、慢性疲劳等问题。但是，如果体内有充足的钙、铁、锌等有益矿物质，有害矿物质就不会在体内堆积，所以注意不要让身体里的有益矿物质不足。

副营养素－③

膳食纤维

　　膳食纤维有清洁肠道的作用，有助于肠内堆积的有害物质的排出，是预防便秘和肠道疾病的有力伙伴。但是，在远离健康饮食的今天，如果不多加注意，很容易出现体内膳食纤维不足的问题。加强摄取有预防便秘、让肌肤更美丽、抗衰老等效果的膳食纤维，不会给你造成任何损失！

凭借膳食纤维的能量，让你从肠内开始变美！美丽肌肤 & 抗衰老对策

通便不可或缺的就是膳食纤维。膳食纤维分为能够溶于水的"水溶性膳食纤维"和不溶于水的"非水溶性膳食纤维"。水溶性膳食纤维在肠内会成为有益菌的食物，通过促进酸的产生来抑制体内有害菌的繁殖，调节肠道菌群。另一方面，非水溶性膳食纤维会在吸收水分后膨胀，在肠内刺激肠道来促进排便。

膳食纤维具有让脂质和糖分稳定、抑制血糖值的上升、让胆固醇下降的功效。在摄取糖分的同时摄取膳食纤维，能够防止皮肤变黄、变硬，以及造成老化的糖化。由于膳食纤维能够提高人体免疫机能，所以皮肤状态差和皮肤干燥的人，应该多摄取膳食纤维。

最近"植物化学物质"一词备受关注，它是指植物性食品中所含有的色素、香料等有效成分。"植物化学物质"能够阻止体内由活性氧引起的氧化，因此，对于女性来说十分重要。具有代表性的是大豆类制品中富含的异黄酮，因为异黄酮具有和女性激素相同的功效。红葡萄酒中含有的多酚和绿茶中含有的儿茶酚，以及黄绿色蔬菜中作为红和黄等色素成分的叶红素和番茄红素的抗氧化能力也非常高，能够预防衰老。

含有膳食纤维的食物

水溶性
海藻类、纳豆、水果、蔬菜

非水溶性
白萝卜干、大豆、谷类、牛蒡、薯类、菌类等

谷物是过敏的原因？

在通过摄取谷物补充膳食纤维时，一定要注意预防谷物过敏。小麦中含有麸质这种分子量非常大的蛋白质，麸质会给肠道添加负担，小麦也容易成为过敏原。持续食用的话，会出现皮肤变差、特应性反应、头痛等症状。

新常识！

在沙拉中添加无油性调味汁是错误的

蔬菜中绝大多数美容成分是叶红素、番茄红素、叶黄素等。它们是蔬菜中所含有的抗衰老成分，即植物化学物质。能够去除身体内"锈"的植物化学物质是脂溶性的，只有和油脂一同摄取才能够提高吸收率。因此在食用沙拉时，一定要搭配油性调味汁。用亚麻籽油等 ω-3 系的油或橄榄油作调味汁，能够提高抗氧化能力。

DOI:10.1002/mnfr.201100687

以"彩虹色"的饮食为目标

 红

番茄、胡萝卜、柿子椒（红）、苹果、草莓、西瓜、樱桃、鲣鱼、螃蟹、虾

 黄

南瓜、柿子椒（黄）、香蕉、西柚、橙子、柠檬、忙果、鸡蛋

 绿

西蓝花、芦笋、青椒、菠菜、水菜、卷心菜、韭菜、秋葵、狝猴桃

 白

洋葱、白萝卜、菜花、芜菁、山药、生姜、白肉、鱼、鸡肉、豆腐、酸奶

通过高抗氧化作用抑制老化

番茄的番茄红素、胡萝卜的 β-胡萝卜素等植物红色色素具有高抗氧化作用。虾和螃蟹等食物中含有的虾青素也有高抗氧化能力，同样能够延缓衰老。

去除活性氧，预防色斑

柠檬、橙子等柑橘类食物中含有丰富的能够去除活性氧的维生素C、β-胡萝卜素含量也十分丰富，能够调节皮肤的新陈代谢，抑制黑色素生成。

预防贫血、提升免疫力

绿色蔬菜是叶酸的宝库，能够疏通血管，让肌肤变得更美丽。菠菜中含有铁，西蓝花中含有抗氧化能力强的维生素A、维生素C、维生素E。这类物质不耐热，因此需要快速加热。

塑造屏障机能较高的健康身体和皮肤

白萝卜和菜花等十字花科蔬菜具有抗氧化和抗菌作用。洋葱和生姜的刺激性气味能够提升免疫力，促进代谢，并且有助于蛋白质的消化。

营养均衡的饮食是指同时摄取六种营养素，通过颜色来选择食物也是很好的方法。每餐至少要摄取五种颜色的食物，才能获得健康的身体和皮肤。

紫

茄子、紫甘蓝、
红薯、巨峰葡萄、
蓝莓、无花果、
石榴、红豆

黑

黑芝麻、黑豆、
蒟蒻、西梅、
葡萄干、海带、
海苔、裙带菜、
海蕴、芜菁

棕

牛蒡、香菇、口蘑、
灰树花菌、味噌、
纳豆、玄米、杏仁、
猪肉、牛肉

有意识地维持
各种颜色食物之间的均
衡摄取才是健康饮食。
每餐，要以摄取五种
颜色的食物为目标

**改善视疲劳，
抗衰老**

　　紫色的蔬菜和水果含有名为花青素的物质，具有抗氧化、降血压的效果，最适合用于抵抗老化。特别是蓝莓，能够改善视疲劳。

**黑色的食物富含
美肌成分**

　　因为黑色的食物中含有丰富的多酚，能够保护身体不被氧化，并修复细胞。黑芝麻中含有维生素E、钙、锌，而葡萄干中含有丰富的铁。这些都是打造美丽肌肤所需要的物质。

**调节肠内环境，
获得美丽肌肤**

　　菌类中含有丰富的维生素D，能够降低感染流感的危险，也可以预防乳腺癌、大肠癌。应尽量每天摄取味噌和纳豆等发酵食品，调节肠内环境。

＊Urashima M, et al. Randomized trial of vitamin D supplementation to prevent seasonal influenza A in schoolchildren. Am J of Clin Nutr. 2010, May; 91: 1255-60

SKIN CARE

了解自己真正的肤质

- 肤质能够改变吗?
- 干燥皮肤的人群在增加?

只要认真护肤,
谁都能够获得
健康的皮肤。

肤质能够改变吗？
⇨「YES」

肤质可以通过每天的护肤（即后天的努力）来改变

经常能够听到那些完全没有皮肤问题的人说"必须要感谢父母给予我如此好的肤质"这样的话，但其实遗传并不是决定肤质的主要因素。年龄、饮食、护肤等后天因素也与肤质有很大关系。肤质是由皮脂量和水分保持能力的平衡来决定的，一直采取错误的护肤方式，即便是健康的中性皮肤也有可能变成干性皮肤和油性皮肤。

由于皮肤容易受气温和湿度等外界因素影响，因此在夏天和冬天肤质会产生变化。如果能灵活地应对这种改变，就能够获得没有任何问题的皮肤。如果你现在有皮肤方面的烦恼，那么问题有可能就出在错误的护肤方式上。但不用担心，只要开始采取适合自己肤质的护肤方式，谁都能够获得健康的皮肤。

决定肤质的是

性别	激素
年龄	体温
饮食	气温
生物钟	睡眠
运动	护肤

等

了解影响自身肤质的两大要素

皮脂量

（维持皮肤湿润的能力！）

保湿能力

（创造湿润的能力！）

影响自身肤质的两大要素就是皮脂量和保湿能力。皮脂是由95%的皮脂腺产生的脂质，以及5%的表皮产生的脂质所构成，起着防止水分流失的作用，分泌量少会引发油腻和干燥。保湿能力是指皮肤获得水分并维持湿润的能力。只要观察皮脂量和保湿能力的平衡状态就能够了解自身的肤质。

了解自己的肤质

　　根据皮脂量和保湿能力的平衡状态，肤质可以分为四种类型。和后面的一览表一同对照，确认一下自己现在的肤质吧。

中性肤质（普通皮肤）

湿润且能够应对问题的皮肤

　　由于这种皮肤的水分保持能力较强，因此皮肤呈现十分水润的状态。含有适量的皮脂量且不会引发问题，也有能够支持皮肤的弹力。皮脂量和保湿能力的平衡状态良好，能够迅速应对气温、湿度等季节变化，以及外界因素的大幅变动。中性皮肤可以称为是最不容易引发皮肤问题的肤质。

皮脂量

少（不泛油光）

高（滋润）

低（干燥）

干性肤质（干燥皮肤）

皮脂量和保湿能力较低，容易遭受外界刺激

　　皮脂量和保湿能力都较低，无法应对季节的变化。夏天时，皮脂量和水分会变多，皮肤的状态也较好。而冬天时，皮脂量和水分会减少，皮肤会变得十分干燥。此外，屏障机能也会相应地变弱，受到外界刺激后容易引发炎症。由于皮脂减少，毛孔也不明显，但会出现小皱纹。

保湿能力

让我们每天仔细观察肤质的变化

油性肤质（油性皮肤）

皮脂量和保湿能力较高，不容易受到外界的刺激

　　油性皮肤的皮脂量和保湿能力都很高。因为皮肤很滋润，所以容易泛油光也是油性皮肤的一大特征。大量的皮脂散布在皮脂腺中，毛孔也会变大。反过来，也不容易出现皱纹。在气温和湿度都很高的夏季，会有大量皮脂分泌，所以皮肤也容易出现痤疮。

多（泛油光）

隐性干燥肤质

（干燥油性皮肤）

泛油光却不湿润，容易出现干燥痤疮

　　这类皮肤具有一定的皮脂量却缺乏保湿能力。面部看起来有油光，似乎是油性皮肤，但是皮肤内部却缺乏水分，皮肤没有弹性、有小皱纹。要注意随着年龄增长出现的水分保持能力下降这一现象。如果油性皮肤的人仍旧坚持年轻时的护肤手法，就会容易转化成这类皮肤。

混合肤质
（混合性皮肤）
在急剧增多？

　　除左侧的四种皮肤类型外，也有很多人是"混合肤质"。同时具备容易出油的部位和容易干燥的部位的就是混合性皮肤。如果对这类皮肤的护理方式不当，皮肤就会转化成油性皮肤或干性皮肤，到了30岁后，激素的分泌也会产生变化，混合性皮肤的人在不断增多。

"干性肤质" 检测表

（干燥皮肤）

☐ 洗脸后什么都不涂，皮肤会紧绷

☐ 早上起床后，感到皮肤干燥

☐ 轻轻挠一下，皮肤就会泛红

☐ 小皱纹明显

☐ 皮肤肌理细腻

☐ 不容易出现痤疮

护肤关键是什么?

洗脸时不要过度清洁油脂，给予皮肤水分和油分。

对于皮脂量和水分都很少的干性皮肤的人群，在护肤时除了涂抹护肤水，还应该用含有神经酰胺、玻尿酸等保湿成分的美容液，提升皮肤的保湿能力。可以利用乳液和面霜的油分来模拟皮脂膜，加强屏障机能。此外，极度干燥的皮肤应该使用不会过度去除皮脂的洗面奶，防止皮脂和水分的流失。

常识!

干性皮肤容易变为敏感性皮肤?

如果皮肤变得敏感，那么洗脸后涂抹化妆品时，皮肤就会感受到刺痛，但并无肉眼可见的症状。这是由皮脂量和水分含量显著下降以及屏障机能低下引起的。这时皮肤无法屏蔽外界的刺激，不仅会感到刺痛，皮肤内部的水分也会不断流失。因此，原本皮脂量和水分含量就较低的干性皮肤比较容易转化为敏感性皮肤。

"油性肤质" 检测表

（油性皮肤）

☐ 洗脸后，皮肤表面马上就会出油

☐ 看起来油光满面

☐ 毛孔容易变大

☐ 皮肤稍微有些发硬、发黄

☐ 早上起床时感觉皮肤很黏

☐ 午休时一定要补妆

护肤关键是什么？

应该减少补充油分，白天及时去油

对于皮脂量和水分含量都十分充足的油性皮肤的人来说，应该防止皮脂分泌过量，在护肤时注意不要过度补充油分。在洗脸时认真去除油脂，使用清爽的乳液和面霜，调节水油平衡。白天时，使用吸油纸去除浮出的油光，也是十分有效的去除皮脂的方法。

常识！

有痤疮并不等于油性皮肤

即便有很多痤疮，也并不代表皮脂量很高。干性皮肤的人也会有痤疮。那么，为什么会出现痤疮呢？首先，毛孔出口处的角质变厚，毛孔被堵塞。在这个毛孔中，皮脂不断堆积，痤疮丙酸杆菌不断繁殖，从而产生痤疮。为了不产生痤疮，应该定期去除角质。为了防止痤疮丙酸杆菌繁殖，在洗脸时应该认真清洁皮肤，这一点十分重要。

"隐性干燥肤质" 检测表

（干燥油性皮肤）

□ 洗脸后皮肤干燥

□ 洗脸后，过一段时间皮肤就会发黏

□ 毛孔容易粗大

□ 皮肤没弹性，小皱纹较多

□ 容易出现痤疮

□ 不喜欢护肤品的触感太黏

护肤关键是什么？

通过防止水分流失和补充水分来改善肤质

隐性干燥肤质虽然有很多皮脂量，但是内部缺乏水分。如果持续采用和油性皮肤相同的护肤方式，就会变成这类肤质。首先，应该停止过度清洁面部，防止水分流失。充分涂抹化妆水，再加入含有神经酰胺等保持皮肤水分的含有保湿成分的美容液。正确的护肤手法能够立即改变皮肤的状态。

常识！

肤质会随季节而改变？

肤质会随季节变化而改变。例如，夏天时气温和湿度会上升，无论哪种皮肤类型的人，皮肤中的水分含量都会上升。并且，随着出汗，皮脂量的分泌量也会增加。油性皮肤的人的皮肤也会看起来更有油光，而中性皮肤的人的皮肤也会慢慢偏向混合性皮肤。反过来，在气温和湿度都比较低的冬天，中性皮肤的人会偏向隐性干燥皮肤，也容易出现粉刺。因此，应该随着季节的变化而改变护肤的方法。

"中性肤质" 检测表
（中性皮肤）

□ 很少发生皮肤问题

□ 拥有适当的皮脂量

□ 皮肤看起来水润有光泽

护肤关键是什么?

保持现在的皮肤状态，增加保湿护理

　　由于这类肤质的皮脂量和水分含量均适中，因此采取"基础洗脸→化妆水→乳液、面霜"的护肤步骤即可。但是，随着年龄增长，水分保持能力也会下降，如果感到"皮肤稍微有些干燥"，就应该在护肤步骤中加入含有保湿成分的美容液。

"混合肤质" 检测表
（混合性皮肤）

护肤关键是什么?

□ T区出油，但是嘴周、眼周、脸颊等区域干燥

□ 30岁后，额头、鼻、下颌处容易出油

□ 胸部、背部等皮脂较多的部位容易出现痤疮

针对混合性的肤质，应该采取综合性的护肤手法

　　由于脸部混合了中性、油性、干性等多种肤质，护肤手法也要根据部位的不同来改变。通过洗脸适度去除皮脂后，用含有保湿成分的化妆水调整面部的整体状态，再用乳液和面霜涂抹干燥的部位即可。

SKIN CARE

了解正确的
护肤方法
（基础护肤）

- **如何让护肤品更有效?**
- **如何通过护肤改善皮肤?**

> 因为皮肤护理是
> 每天都要做的事,
> 所以有必要知道
> 正确的护肤知识。

基础的护肤方法

清洁	调整护理	皮肤问题护理	补充护理

晚 卸妆 ➡ 洗脸 ➡ 化妆水 ➡ 美容液 ➡ 面霜·乳液

让皮肤焕发新生，充分补充营养！

夜晚的护肤从仔细卸妆开始。一整天都覆盖在皮肤表面的粉底液会给皮肤带来氧化等不良影响。用卸妆产品卸除彩妆之后，再用洗面奶洗掉没有完全去除的灰尘和皮脂污物等物质，重新恢复干净的皮肤。为了补充因卸妆和洗脸所流失的水分，要用化妆水调整皮肤状态，然后再用乳液、面霜来补充营养和油分，提升屏障机能。没有特殊皮肤问题的人可以不使用美容液（详情见82页）。此外，能够修复皮肤损伤的生长激素会在夜间大量分泌，因此在有规律的生活中保证充足的睡眠也十分重要。

清洁	调整护理	皮肤问题护理	补充护理	守护护理

早 洗脸 ➡ 化妆水 ➡ 美容液 ➡ 乳液·面霜 ➡ 防晒

早上护肤时一定要做防晒

维持健康皮肤的必要护肤基础就是采取清洁、保湿、抗紫外线对策。只要做好这些，就能够维持健康的皮肤状态。最近，经常会听人说"早上没有必要洗脸"，但是人在睡觉期间会可能会出汗，枕头和床单中的灰尘也会让皮肤变脏。因此，早上也要用洗面奶去除污垢，清洁面部。保湿则可以选择化妆水和乳液／面霜。为了保护皮肤不受空调引起的干燥、季节引起的湿度和温度的变化所带来的损伤，必须要做好保湿护理。并且，为了防止皮肤老化，应该认真采取抗紫外线对策。要牢记，在早上的护肤步骤中一定要加入防晒环节。

■没有皮肤问题就不需要美容液？　➡ 82 页

卸妆的正确方法

"双重洗脸"是基础

为了卸除粉底液等油性的彩妆污垢，在化妆的当天需要卸妆。卸妆类产品主要由油性成分和表面活性剂组成。油性成分是让油性彩妆物质浮上表面的必要成分，但仅是这样的话会过于黏着，无法洗净。这时，加入能够从皮肤表面剥离污垢的表面活性剂，用水冲洗就会十分方便。根据油性成分和表面活性剂的比例的不同，卸妆类产品也分为很多种。专门用来卸除彩妆的卸妆类产品并不能去除污垢和剥离的角质，所以卸妆后必须要洗脸。

卸妆类产品的去污方式

化妆时，皮肤上同时存在彩妆、皮脂、剥离的角质。

卸妆类产品中含有的油性成分会让油性彩妆浮在表面，容易去除污垢。

通过表面活性剂的作用，水和油充分地混合在一起，可完全去除彩妆的污垢。

常识！

带妆睡觉会怎样？

不卸妆就睡觉，彩妆的污垢就会氧化，堵塞毛孔。因此，细菌会繁殖，不仅会引发痤疮，还会让毛孔变得粗大。人类的皮肤通过毛孔来调节体温和排汗等，从而调整身体内部的水分。如果毛孔堵塞，本来应该排出的汗液无法排出，皮肤机能也会降低。所以即便是劳累了一天，回家后也应该认真卸妆。

如何选择卸妆产品

☐ **由与肤质的适配度来决定**
☐ **皮肤状态不好时应该换成刺激性较弱的产品**

根据油性成分和表面活性剂比例的不同，卸妆类产品分为很多种。可以根据肤质和妆容的厚重程度来选择卸妆产品。一般来说，含有较多表面活性剂的产品的清洁力较强，但容易刺激皮肤，所以皮肤敏感和有皮肤问题的人应该选择刺激性较弱的产品。此外，混合性皮肤的人根据基础肤质来选择卸妆产品是最稳妥的。

对皮肤的刺激		适合的肤质
弱 卸妆膏	**适合那些喜欢卸妆效果温和的人** 　　油分较多，表面活性剂较少。清洁力适中、对皮肤温和、不易干燥是这类卸妆产品的特点。但是，由于油分容易残留，应该用纸巾擦拭后再清洗。	·干性肤质 ·隐性干燥肤质 ·中性肤质
卸妆乳	**刺激较弱，容易清洗** 　　相比卸妆膏，油分较少，易溶于水，容易清洗。有较高的保湿力，对皮肤的刺激也较弱。如果是一般的妆容，用卸妆乳就能够完全卸除。	·干性肤质 ·隐性干燥肤质 ·中性肤质
卸妆啫喱	**水润，用后感到清爽** 　　在水的成分中加入大量的表面活性剂从而达到卸妆效果的就是卸妆啫喱。使用起来十分水润，洗脸后也感到清爽。虽然卸妆力度一般，但是容易去除皮脂膜。	·油性肤质 ·中性肤质
卸妆油	**能够卸除浓厚的妆容** 　　油分自身能够发挥卸妆的作用，其中也含有大量的表面活性剂。能够彻底卸除彩妆，但也会一同卸掉皮脂，如果是皮肤过度干燥的人，可以在浓妆后使用卸妆油。	·中性肤质
卸妆水 （卸妆湿巾） 强	**清洁力较高，擦拭型产品** 　　几乎不含油分，主要通过表面活性剂的力量来卸除彩妆。由于清洁力和刺激性都很强，且需要擦拭，所以在卸妆时注意不要过度摩擦皮肤。	·油性肤质 ·中性肤质

卸妆乳的基本使用方法

卸妆产品的作用是卸除彩妆。但是，在卸妆时大家是否会有些用力过度呢？卸妆的基本要求就是不刺激皮肤。现在，让我们回顾一下自己的卸妆方式吧。

将头发拨到额头后

首先，为了卸除面部整体的彩妆，应该用发带将发际线附近的头发都拨到额头后。

用量较少会容易刺激皮肤。

在干燥的手上挤适量的卸妆乳

洗手后用干净的毛巾擦干，在干燥的手掌中倒入适量（大约是1元硬币大小的量）的卸妆乳。

涂抹全脸，注意不要用力过度

从 T 区开始涂上卸妆乳，从面部的中心向外部推移，不要拉扯皮肤，慢慢涂抹。

细微的部位用指肚按摩

对于鼻翼等毛孔容易堵塞的部位，应该用指肚不断按摩。动作要和第三个步骤一样温柔。

稍微用温热的水清洗即可。

用温水清洗

可以用温水（35～36℃）清洗。由于后面还会有洗脸步骤，所以不用过度清洗。

卸妆油的关键

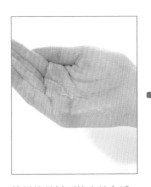 

> 感觉卸妆油变白、变轻，就说明完成了乳化！

使用的量尽可能少且合适

在干燥的手掌中放入适量的卸妆油，涂抹全脸，充分溶解彩妆。

在脸上进行乳化

取少许温水，在脸上与卸妆油融合，让其充分乳化。卸妆油全部变白后洗净。

卸妆水的关键

> 将卸妆水倒入化妆棉后，擦拭面部。

注意不要过度摩擦皮肤

在化妆棉上倒入足量的卸妆水，在不过度摩擦皮肤的情况下，慢慢擦拭彩妆。

NG!

不可以将卸妆产品当作按摩膏使用！

卸妆产品中多少会含有表面活性剂。表面活性剂是需要清洗的物质，虽然在卸妆时不会产生较强的刺激，但是如果将其作为按摩膏的替代品，让它长期在面部停留，不仅会让皮肤变得更加干燥，也会刺激皮肤。

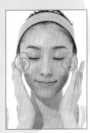

重点部位妆容要分别卸除！

☐ 使用防水型彩妆产品

☐ 内眼线画至眼角处……
　全套彩妆

如果没有彻底卸除彩妆，皮脂污垢和彩妆的氧化会引发轻微炎症。轻微炎症会生成黑色素，使色素沉积。使用难以卸除的睫毛膏和眼线笔时，要使用专门的眼唇卸妆产品，彻底卸除。

睫毛膏·眼影

从上到下轻轻擦拭

在化妆棉上倒入专门的眼唇卸妆产品，在眼睑上放置一会儿，从上到下擦拭。

擦拭残余的彩妆

这次从下向上轻轻移动化妆棉，擦除彩妆。左右移动容易产生皱纹，需要注意。

用化妆棉的角来去除污垢

可以将化妆棉对折，用化妆棉的角来擦拭下眼睑处的污垢和残留的彩妆。

眼线

使用棉签卸除眼妆

将棉签浸入专用的眼唇卸妆液，轻轻地去除眼线。

在使用棉签时要尽量轻柔

从下方用棉签擦拭，卸除眼妆

在卸除眼睑内部的内眼线时，应该用手稍微提起眼睑，用棉签从下方开始慢慢卸除眼妆。

健康的皮肤从正确卸妆开始

不给皮肤带来刺激的
卸妆十分重要！

首先讨论的错误护肤方式就是将清洁护理等同于卸妆。因为想要完全卸除彩妆，所以选择用化妆棉大力摩擦皮肤等卸妆方式，这类在卸妆时给皮肤造成损伤的案例在不断增加。最近，随着化妆品技术的提高，出现了几乎不含有油分，只凭借表面活性剂的作用就能够轻松地卸除彩妆的卸妆水，以及能被快速洗净的卸妆油产品。轻松地卸妆就意味着产品清洁力高、刺激性强。如果没有使用适合自己肤质的卸妆产品，也可能发生皮肤问题。

随着季节的变化，皮肤肤质也会发生改变，应该经常准备适合那个季节的卸妆产品。还要在不过度摩擦皮肤的情况下卸妆。坚持仔细卸妆，皮肤的状态也会变得越来越好。

值得投资的顺序

美容液 ➡ 面霜 ➡ 化妆水 ➡ 卸妆产品

在护肤上花费大量金钱的读者，应该注意这些事项。首先，最应该为之花钱的是美容液。美容液中涵盖了各个化妆品公司的最新技术、有效成分，所以价格也相对较高，但解决皮肤问题也十分有效。面霜中也含有相应的保湿成分和有效成分，所以价格也会相对较高。而在使用化妆水和卸妆产品时，如果用量较少则会引发皮肤问题，所以应该选择使用价格合适的产品。

洗脸的正确方法

因为每天早晚都在使用，
所以应该选择正确的洁面产品

洗脸的作用就是洗去剥离的角质、皮脂、汗液、灰尘、大气中的污染物等物质。在睡觉时，由于皮肤会出汗和沾上灰尘，所以早上也需要用洗面奶洗脸，保持面部清洁。洁面产品也分为多个类别。制作起来最简单的就是肥皂。使用肥皂清洁后会有清爽的感觉，体积较大、容易产生泡沫也是肥皂类产品的特征。最大众的产品是洗面奶，洗脸后使用感各有不同。建议选择使用起来较为方便的产品，以适合个人肤质的产品为基础，在实际使用时避开使皮肤感到紧绷的产品。肤质易干燥的人应该选择稍微会保留油脂膜的温润的洁面产品。

洗脸去除脸上污垢的方式

废弃角质　皮脂　灰尘
皮肤

用泡沫包裹污垢

皮肤

早上起床时的皮肤，即便看起来干净，其实也堆积了大量的废弃角质以及枕头的纤维、灰尘。

用泡沫包裹着污垢，清洗后就变成了干净的皮肤。使用温和的洁面产品时会留有薄薄的油脂膜。

Washing

soap

常识！

最好随着季节替换洁面产品

肤质会随着季节更替而改变。例如，在夏天高温高湿的环境下，干燥皮肤的皮脂量也会增多，变为中性肤质。皮脂的分泌量十分容易受到外界环境的影响，使得皮肤在发黏、干燥之间不断交替。因此，要根据肤质来选择合适的洁面产品。根据夏天、冬天等季节来替换洁面产品的话，就能够一直保持健康的皮肤。

洁面产品的选择方法

- ☐ 由皮肤适配度来决定
- ☐ 通过使用感来决定
- ☐ 通过观察洗脸后的状态和清洁效果来决定

对于每天早晚护肤过程中使用的洁面产品，要选择使用便利的产品，这是大前提。在此基础上，观察洗脸后皮肤是否紧绷，找出适合自己皮肤且清洁力高的洁面产品吧。只在特定部位感觉到皮肤发黏的混合性皮肤的人，可以观察起床后的皮肤状态，如果皮脂量较多则可以使用清爽的洁面产品，反之，皮肤干燥则可以使用温润的洁面产品。

对皮肤的刺激		适合的肤质
较弱 肥皂类	**彻底去除多余的皮脂** 制作方法简单的肥皂具有适度的清洁力，洗脸后会感到十分清爽，适合所有肤质的人。由于肥皂的表面积较大，所以很容易打出泡沫，能产生细腻、有弹力的泡沫。	适合一切肤质
洗面奶类	**可根据使用感来选择** 从温和到清爽，洗面奶有很多种类。适合干燥皮肤的人的温和型洗面奶含有油分，洗脸后会保留一层油脂膜，让皮肤不太干燥。	适合一切肤质
强 液体洗面奶类	**使用方便，用后皮肤感到清爽** 这种类型的洁面产品的制作方法接近肥皂，洗脸后几乎不会残留油分。但其中有些产品只含有表面活性剂，会对皮肤产生很大的刺激。皮肤状态不好的人在使用这类产品时要格外注意。	几乎适合 一切肤质
洁面慕斯类	**适合不会打出泡沫的皮肤健康的人** 这类产品一开始就会产生泡沫，所以十分适合那些不擅长打出泡沫的人。用泵头挤压就能打出含有空气的泡沫的洁面慕斯中含有很多的水分，同时也含有大量的表面活性剂，所以对皮肤的刺激十分强。	皮肤状态不好的人应避免使用
粉末（酵素）类	**酵素有去除角质的效果** 粉末类的洁面产品主要是用酵素的力量来去除污垢。植物酵素对于皮肤十分有益，但氨基酸分解酵素等物质时会有去除角质的效果，所以长期使用会加剧皮肤的干燥。	干燥皮肤要注意

洗面奶的基本使用方法

为了彻底去除多余的角质、皮脂、灰尘等污垢，每天一定要认真洗脸。为了将对皮肤的刺激降到最小，洁面产品打出泡沫后再洗脸是关键所在。接下来将会给大家介绍其中的窍门。

先用温水打湿面部

用温水打湿面部后，取适量的洗面奶（2~3 cm）挤在掌心。

接触空气后打泡沫

加入少量温水，使指尖像竹笼一样一边让洗面奶充分接触空气，一边打泡沫。

> 手掌中的泡沫是清洁面部整体的所需的量。

打出有弹力的泡沫的关键

只要打出细腻、饱和的泡沫就算完成了。用手按压不会消失的泡沫是最好的。

首先，由中心向外清洗面颊等部位

用微凉的温水清洗。面颊等面积大的部位要从中心向外部清洗。

> 配合清洗的部位，改变手掌的方向。

然后，用手掌横向清洗

额头、发际线、下巴等不易清洗的部位，要用手掌横向清洗。

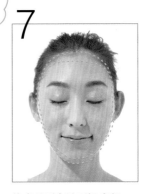

检查是否有洗面奶残留

发际线、下巴、面部轮廓等部位容易有泡沫残留，如果没有清洗干净容易产生粉刺，所以要做最后的确认。

4

用泡沫涂抹整个面部

使泡沫充分覆盖整个面部。涂抹时让泡沫像在皮肤上滚动一样，吸附污垢。

NG!

不要用毛巾强力擦拭皮肤！

在洗脸时已经去除了污垢和多余皮脂的皮肤，已经失去了守护屏障，过度摩擦会使皮肤变得更加脆弱。更不应该用毛巾过度摩擦。洗脸后，应该轻柔地用毛巾按压面部来擦干残留的水分，这一点一定要牢记。

8

用毛巾轻轻地擦拭面部

确认没有残留后，用干净的毛巾轻轻按压面部，擦拭水分。

不擅长打泡沫可以使用起泡网。

轻松打出绵密的泡沫！

先将起泡网淋湿，再加入洁面产品，揉搓起泡网，让洗面奶充分接触空气。

稍微打出一些泡沫后，再加入少量的水，再度接触空气后慢慢地打出泡沫。

打出绵密的泡沫后，从起泡网中挤压出泡沫，放入手掌中，就可以开始洗脸了。

化妆水的正确使用方法

皮肤保水能力较低的亚洲人需要使用化妆水！

化妆水具有让角质变得柔软、补充水分的作用。如果角质变得柔软，后续使用的化妆品就能够很好地渗透到皮肤中，调整肌肤的纹理。由于表皮较薄的日本人的皮肤的水分保持能力较弱，一定要通过化妆水来补充水分。虽然只用化妆水并不能提升保水能力，但是对于预防干燥和保持健康皮肤十分有效。并且，注重清洁的亚洲人喜欢洗脸后的清爽感，而皮肤中的保湿因子会因洗脸而易于流出，因此为了补充保湿因子也一定要使用化妆水。

护肤在保持皮肤健康的同时也可以成为我们的爱好。在使用化妆水时感到"舒服"，也是皮肤状态变好的证明。请在感受化妆水的舒适使用感同时进行下个步骤护肤。

使用化妆水的意义

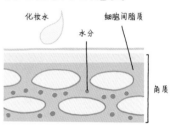

化妆水　　　　　细胞间脂质

水分

角质

在化妆品中，分子量越小的化妆水越容易渗透到皮肤中，也容易让角质层充满水分。如果角质层变湿润，马上就能够看到效果，即皮肤的纹理变得更细致、皮肤的状态也变得更好。

Lotion

常识！

化妆棉会刺激皮肤？

将化妆水倒在化妆棉上，能够使面部整体均匀地涂抹到化妆水。另一方面，化妆棉会摩擦皮肤，也会给皮肤带来刺激。应该在化妆棉上倒入足量的化妆水，轻轻地涂抹在皮肤上即可，但是这样很难掌握好力道。考虑到摩擦皮肤这一危险，最好用手掌涂抹化妆水。但是，用手掌涂抹化妆水时要注意不要过度使皮肤移动。最后，轻轻拍打面部，让化妆水更好地吸收。

化妆水的选择方法

☐ 关注保湿成分
☐ 依靠质地来选择黏稠系还是清爽系
☐ 根据肤质来选择

对于保水能力较低的亚洲人来说，给皮肤补充水分十分重要，所以在选择化妆水时应该注重保湿成分。保湿成分有神经酰胺、玻尿酸等，具体的特征可参照下表。选择自己喜欢的质地也可以。黏稠系的化妆水易于用手涂抹，有让皮肤滋润的效果。但是也有很多人喜欢清爽系产品的使用感，用起来感觉十分舒畅。对于在意粉刺和毛孔的人，推荐使用含有维生素C的化妆水。

应该检查的保湿成分有哪些?

神经酰胺

锁住水分，不让水分流失!
神经酰胺具有连接角质层细胞的作用，也具备锁住水分和油分的特性。即使在湿度较低的冬天也能够使皮肤保持水分，是值得依赖的保湿成分。

玻尿酸

保持水分，具有较高的保湿能力
存在于真皮层中的果冻状的物质就是玻尿酸。有黏性，具有保持水分、让水分留在皮肤中的作用。1 g的玻尿酸能够保留6 L以上的水分，高保湿能力是玻尿酸的一大特征。

胶原蛋白

亲水性较高，让水分停留在皮肤上
胶原蛋白能够系住细胞，给皮肤带来紧致和弹力。将其添加在化妆品中，会因其分子量较大而无法渗透到真皮层，只能作为保湿成分来使用。相比前面两种成分，保湿能力较弱。

维生素 C

其抗氧化 & 抗炎症效果可以对抗皮肤问题
具有高抗氧化作用的维生素C可以应对粉刺、毛孔、色斑等多种皮肤问题。也具有促进胶原蛋白生成的作用，还能作为抗衰老的物质。一种叫作APPS的含有维生素C诱导体的产品十分值得推荐。

其他

让皮肤变得柔软的天然保湿因子
氨基酸、尿素等天然保湿因子（NMF）具有与水分结合的特性，能够让角质层变得柔软、有弹力。但是，它很容易在湿度较低的环境中以及洗脸时流失，因此水分保持能力较低。

化妆水的基本使用方法

将化妆水均匀涂抹到整个面部是基本要求。并且，让化妆水渗透到角质层内部，皮肤才能变得柔软，纹理也更加细致。只要掌握化妆水的基本用法，就能够获得水润肌肤。

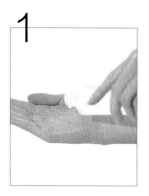

在手中倒入适量的化妆水

在手中倒入适量（大约是1元硬币大小的量）的化妆水。使用清爽系化妆水的话，要分两次倒入适当的量。

用手掌按压面部

从中央到外侧，在整个面部上涂抹化妆水。特别是容易干燥的部位要重点涂抹。

让化妆水渗透到皮肤的最深处

最后的按压

脖子处也要涂抹化妆水，用手掌按压面部，使化妆水渗透到最深处。

使用化妆棉时

如果化妆水的量不足，化妆棉就会摩擦皮肤，所以要倒入足量的化妆水。要以化妆棉整体充分浸入化妆水为标准。

常识！

化妆棉面膜真的有效吗？

化妆棉面膜会紧紧地贴在皮肤上，以此来提高化妆水的渗透率。但是，化妆棉长时间放置在皮肤上容易变干，好不容易渗透进皮肤的水分又会回到化妆棉中。在使用化妆棉面膜时，应该注意将时间控制在3~4分钟。

通过实际的使用量来看使用标准

如果没有使用正确剂量化妆品,过少或过多都会导致化妆品无法充分发挥其作用。一定要事先阅读说明书。在这里,给大家介绍一下常见的化妆品的使用量,请将其作为推荐用量参考。

**卸妆产品
(卸妆乳)**

为了能够充分与底妆融合,应该使用足够的量。

**洁面产品
(洗面奶)**

加入温水后揉搓,打出泡沫。使用起泡网时可以稍微减量。

化妆水

使用化妆棉时,化妆水的用量应该比平时多一些,让化妆水充分浸入化妆棉。

美容液

如果美容液是黏稠状的产品,为了能够让整个面部都涂抹到这种质地较浓稠的物质,应该稍微增加用量。

乳液

直径以2~2.5 cm为标准。使用化妆棉时,乳液的用量应该比平时稍增加一些。

面霜

虽然面霜的质地各有不同,但用量一般以樱桃大小为标准。

防晒霜

涂抹整个面部大概需要如图的使用量。如果涂抹脖子和领口处则需要增加用量。

美容液的正确使用方法

没有皮肤问题的20岁年轻人没有使用美容液的必要，但从30岁开始就必须要使用

美容液中富含多种具有保湿、美白、抗衰老等美容效果的有效成分。坚持使用美容液，能够获得持久的、具有生理活性的效果，能够解决皮肤水分不足的问题并提高祛除色斑的能力，以及弥补由于年龄增长所带来的皮肤机能不足。但没有特殊皮肤问题的20岁左右的年轻人只要做好基础护肤就好，没有必要使用美容液。并且，在选择美容液时，要确定最想改善的皮肤问题是什么。如果实在无法确定，建议从整体上考虑护肤方式，可以用美容液来美白，用化妆水和面霜来保湿。有些美容液中含有视黄醇、对苯二酚等会因接触紫外线而对皮肤产生刺激的物质，在使用时一定要仔细确认使用方法。

使用美容液的意义

● 保湿

● 美白

● 抗衰老

美容液中涵盖了各个化妆品品牌的最新技术和有效成分。它能够集中处理随着年龄的增长而出现的皮肤问题，具有恢复皮肤活力的作用。

常识！

美容液不能作为护肤程序的最后一步！

美容液是能够改善皮肤问题的特殊用品。美容液中虽然含有大量的有效成分，但是大多数的美容液并不具备像乳液和面霜一样的保护皮肤的功能。即便是保湿美容液等保湿能力较高的产品，也不具备保护皮肤的功能。因此，护肤程序的最后一步一定要使用乳液或面霜，来彻底地保护皮肤吧。

美容液的选择方法

□ **根据皮肤问题来选择**（问题较多时先将问题缩减到两个）

□ **先使用一个月，观察效果**

根据皮肤问题来选择美容液是基本要求。但是，当皮肤有美白、保湿、抗衰老等多种需求时，要将问题量缩减到两个。两个以上会让有效成分的作用变得分散，无法充分发挥其功能。选择好美容液后，首先要使用一个月。皮肤的再生周期大约为一个月。使用一个月后才能看到美容液的效果，无法改善皮肤问题就立刻停止使用的做法是不可取的。

想要通过美容液
解决的"烦恼"

皱纹	➡	P126 ~
黑眼圈	➡	P132 ~
毛孔	➡	P138 ~
痤疮 小疙瘩	➡	P144 ~
下垂 （缺乏弹性）	➡	P152 ~
暗沉	➡	P158 ~

使用两种美容液时
质地较轻 ➡ 质地较厚

美容液有多种不同的质地类型。在同时使用两种美容液时，要先使用质地较轻的产品，这样才不会影响对后续美容液的吸收。

美容液能够有效改善皮肤问题！

美容液的基本使用方法

选择好足以解决皮肤问题的美容液后，就要掌握能够提升美容液渗透
效果的小技巧，一举改善皮肤问题吧。

用量充足、轻柔、仔细地按摩面部，这是获得美丽肌肤的秘诀。

用手掌确认
是否完全
吸收！

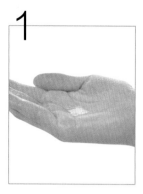

应使用较多的美容液

美容液的用量应该比适量
（大约是1元硬币大小的量）稍
微多一些。太少无法充分发挥其
功能。

**在享受美容液的味道的同
时，涂抹整个面部**

用整个手掌，从面部的中央
到外侧，一边深呼吸，一边将美
容液涂抹至整个面部。

最后按压面部

涂抹美容液时，要一直涂抹
到脖子。最后，用手掌按压，促
进其更好地吸收。

NG!

禁止过度使皮肤移动

在涂抹化妆品时，
如果过度揉搓皮肤，皮
肤会因摩擦而产生色素
沉着，真皮的胶原蛋白
组织受到影响会导致下
垂。护肤是最基础的，
而轻柔地让化妆品渗透
是关键。

NG!

化妆品被充分吸收后
再进行下一个步骤

时间紧迫的情况下，大
家是否会想要尽快完成护肤，
皮肤还没有充分吸收便进行
下一个步骤呢？这样，化妆
品中的有效成分效果就会减
半，也会导致后续的彩妆不
服帖。因此，一定要保证化
妆品充分渗透到皮肤中，这
一点十分重要。

"面膜"可当作美容液使用

在日常护理中加入面膜，解决皮肤烦恼！

通过密封，提高成分的渗透率

当皮肤处于疲劳状态，或接触到过多的紫外线时，很多人都选择使用面膜来作为特别护理。但是，比起一个月使用一次昂贵的面膜，更应该经常使用价格适中的面膜，让美容成分渗透到皮肤中，这种方式更能够提升皮肤的保湿能力。并且，有些面膜会写有"含有×瓶美容液的成分"，这是因为这种形状的面膜纸能够包含像美容液这类以水为主要成分的物质。

感觉皮肤缺水的人可以使用能够密封在皮肤上以提升美容成分渗透率的面膜来代替美容液。但是，敷面膜的时间过长，会让进入到皮肤的水分再次回到面膜纸中，所以一定要遵守使用时间。

为了让面膜充分发挥作用

- 不长时间敷面膜（不在敷面膜时睡觉）
- 经常使用
- 敷面膜后使用乳液 / 面霜

Mask

MASK

皮肤非常干燥的人应该用膏状的面膜

膏状面膜的特征就是含有大量的油分。这类面膜通过面霜特有的遮挡效应来让油分充分渗透到皮肤中，提高油脂分泌量较少的干燥皮肤的保湿能力。也有可以不用冲洗的面膜类型，睡觉敷也完全没问题，这可以说是十分吸引人的特点了。

乳液 / 面霜的正确使用方法

为了提升皮肤的屏障机能，使用乳液吧

乳液 / 面霜是维持皮肤正常状态的不可或缺的物品。除了具有保湿效果外，也能够起到阻止化妆水等水分蒸发的"盖子"的作用，还能够保持皮肤的柔软，这三个效果能够增强皮肤的屏障机能。最近，由于极端的气温变化、大气污染等状况，外界环境也在逐渐恶化，屏障机能低下的人群也在逐渐增多。由于清洁产品的清洁能力的大幅度提高，皮肤滋润能力逐年下降的人也越来越多。这样一来，能够提升屏障机能的护肤方法就显得十分重要。

承担着如此重要作用的乳液和面霜二者区别就在于水分和油分的构成比例。喜欢水润质感的人可以使用乳液，随着年龄增长而皮脂分泌量下降的人可以使用质地浓厚的面霜。

使用乳液 / 面霜的意义

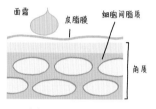

面霜　皮脂膜　细胞间脂质　角质

乳液和面霜能够补充每年都在不断减少的皮肤中的水分和油分，以及保护皮肤免受外界环境影响，是屏障机能不断降低的现代人必须使用的物品。

Milk

Cream

三个目的

保湿
效果

柔软
效果

遮挡
效应

乳液 / 面霜的选择方法

☐ **根据肤质和皮肤的状况来选择**

☐ **高性能面霜**（抗衰老类）**要根据年龄来选择**

为了加强屏障机能，首先应该选择含有高保湿成分的产品。在此基础上，根据皮肤的问题选择含有美白、抗衰老成分的产品。根据皮肤的干燥程度和状况来选择乳液或面霜是不会出错的。在具有保湿、抗衰老、美白等功能的高性能面霜中，质地浓厚的产品较多，价格也较为昂贵。要认真判断自己的皮肤是否需要使用这类产品，并且在使用时不要吝啬用量。

想要检查的成分是什么？

保湿类

依靠保湿成分来提升屏障机能

比较推荐含有保持水分不流失的神经酰胺、玻尿酸、尿素、凡士林等成分的产品。喜欢清爽的使用感的中性皮肤和油性皮肤的人可以使用乳液，而皮肤干燥或上年纪的人可以使用面霜。如果T区容易出油，涂抹这个部位时要减少用量。避开粉刺和痤疮的地方。

美白类

选择保湿能力较高的美白产品

如果在意色斑和暗沉，可以使用抑制黑色素生成和促进其排出的美白类的乳液和面霜。美白类成分有曲酸、熊果苷、氨甲环酸、对苯二酚等多种物质。无论哪一种产品，最重要的是要选择具有充分保湿能力的产品。

抗衰老类

给皮肤带来湿润和弹力

随着年龄增长，我们开始渐渐注意到皱纹和下垂，因此会选择使用抗衰老类产品。推荐使用内含能有效改善皱纹的视黄醇、给皮肤带来紧致和弹力的胶原蛋白，以及能够收缩毛孔且抗氧化能力较高的维生素C诱导体等成分的产品。在使用含视黄醇等对紫外线有光敏反应的产品时需要格外注意。

号称洗脸后只用这一种产品就可以的"多合一面霜"并不好？

皮肤十分健康且能够分泌足量皮脂的人，可以使用这类产品。但是，这类产品无法应对因气温、湿度、身体状况等情况而变化的肤质，有时甚至可能会加剧皮肤问题，所以并不十分推荐使用。

乳液 / 面霜的基本使用方法

　　能够提升皮肤的屏障机能的乳液和面霜，只有使用足够的量才能够充分发挥作用。如果想要提升渗透力，可以使用整个手掌，以按压的手法帮助吸收。

1

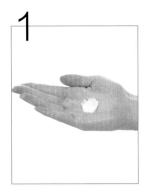

适当的量大约是1元硬币大小

　　在手掌中放入适量（1元硬币大小）的乳液或面霜。为了切实感受效果可以适当增加用量。

2

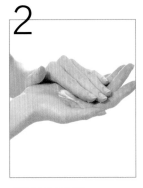

用体温融化面霜

　　使用质地较浓厚的面霜时，用手掌的温度融化面霜，然后再涂抹，这样会使涂抹更方便，也会提升渗透力。

3

与皮肤融合

　　用手掌揉开乳液和面霜，用按压的手法从面部的中央涂抹到外侧。

4

干燥的部位可重叠涂抹

　　对于眼周、嘴周等容易干燥的部位，可以用指尖取少量乳液/面霜重叠涂抹。

5

不要忘记老化明显的颈部

一直涂抹至颈部

　　最后，用手掌中剩余的乳液/面霜涂抹颈部。抚摸一般地从上到下轻柔涂抹。

这类产品应如何使用？
有什么效果？

美容油

美容油是比面霜更能够保湿的产品

美容油的基本作用就是补充并加强皮脂膜。面霜虽然也有相同的作用，但面霜是将油性成分转化成水分并乳化，从而使成分更易于渗透到皮肤中。美容油几乎都是由油性成分构成，可以停留在皮肤表面，强化皮脂膜，是专门用于保湿的产品。因极度干燥和年龄增长而导致皮脂分泌量下降的人，在夜间护肤的最后一步一定要使用美容油。这样皮肤会变得更加湿润。

固体美容液

具有药物成分，是干燥皮肤和敏感皮肤的救星

固体美容液也是美容油的另一种形式，指的是在常温状态下保持固定形态的美容液。比起顺滑的美容油，固体美容液更能够紧贴皮肤，具有较高的密闭效果，这也是固体美容液的一大特征。固体美容液具有药物成分，如果皮肤表面干燥已经到了起皮的程度，去皮肤科，医生可能会说"使用固体美容液涂抹"。虽然质地并不十分出色，但是对于皮肤干燥到凭自身已经无法修复屏障机能的人，以及皮肤比较敏感的人来说，固体美容液就是救星一样的存在。

去角质产品

去除老废角质，让皮肤重获透明感

去除老废角质是去角质化妆品的作用。内含乳酸、乙醇酸、AHA（果酸）等，用酸的作用来溶化并剥离角质，根据浓度的不同，其强度也会有所改变。去角质化妆品也有很多种类，如每天晚上，在洗脸后涂抹去除角质的美容液型，每周使用1~2次的清洗型，便捷的洁面皂，等等。到了角质容易堆积的30岁后，就要选择用起来方便的去角质产品，将其加入日常的护肤步骤中吧。

关于美容仪

美容仪是否能直接改善皮肤问题？

对于能够改善皮肤问题的美容仪，应该带着明确目的去仔细选择。在皮肤上不停回转的美容仪具有能够促进血液流通的按摩效果。对于下垂和细小皱纹，可以使用高周波的射频（RF）。LED则能改善粉刺和肤质，能够从最深处直接作用于肌肉的微电流（EMS）适合想要缓解皮肤下垂的人。想要美容成分更好地渗透，则可以使用负离子导入器或是电穿孔美容仪。根据自身的皮肤问题来选择是选到一款合适的美容仪的秘诀。

防晒的正确方法

为阻止皮肤的劲敌——
紫外线，防晒必不可少！

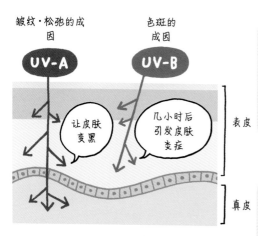

UVA 对于皮肤的影响

- 皮肤变黑
- 造成皱纹、松弛的原因
  （促进光老化）

UVB 对于皮肤的影响

- 引发皮肤炎症
  （增加黑色素）
- 出现色斑的原因

皮肤老化的八成原因是紫外线。因此，为了保持并孕育健康的皮肤，我们在日常护肤时一定要注意保护皮肤不受到紫外线的伤害。紫外线是太阳光线的一种，英文为 Ultraviolet Rays，简称 UV。根据波长的不同，紫外线被分为 UVC、UVB、UVA 这三种，能够直接到达地面的为 UVA 和 UVB。

我们在受到大量的紫外线照射后，皮肤会变红，并伴随着刺痛，这是一种由 UVB 引发的急性炎症反应，通常被称为晒伤。UVB 能够给细胞的 DNA 带来损伤，让黑色素细胞变得活跃，生成黑色素。与之相对，UVA 能够引发"晒黑"，即受到阳光照射后皮肤立即变黑。这是由于皮肤中的黑色素改变了形状，变得更加浓厚而引发的一时的症状。UVA 除了与黑色素的生成有关外，还能加速光老化，引发皱纹和松弛。

除肤色变化外，还有其他更加严重的影响！

选择防晒产品的方法

1. 通过"SPF"和"PA"的标识来选择
2. 根据季节和使用场景来选择
3. 通过质地（霜、乳液、喷雾等）来选择
4. 通过对皮肤的刺激来选择

❶ 通过"SPF"和"PA"的标识来选择

防晒类产品上所标识的"SPF"表示对于UVB的防御能力，而"PA"则表示防止UVA的有效程度。在到达地面的紫外线中，UVB只占5%。虽然UVB只能到达表皮层，但是其破坏程度要大于UVA。UVB能够直接给细胞的DNA带来损伤，这也是导致皮肤癌的一大原因。因此，长时间处于室外时，应该选择"SPF"较高的防晒产品。虽然UVA给皮肤带来的伤害并不像UVB那样大，但是UVA占到达地面的紫外线的95%，即便是阴雨天也会有UVA。并且能够投过窗户的玻璃，直接到达真皮层，加速光老化。因此，即便是在室内也要使用带有"PA"标识的防晒产品。一定要选择同时带有"SPF"和"PA"的防晒产品。

有关防晒产品的标识

SPF
阻止黑色素增加的 UVB

SPF 是 Sun Protection Factor 的缩写。是测定防晒产品能够在何种程度上延迟因 UVB 引发的"晒伤"的时间指数。数值越高，遮挡UVB 的效果越强，现阶段的最高值为 SPF50+。

PA
应对皱纹和松弛的 UVA 对策

PA 为 Protection Grade of UVA 的缩写。是测定防晒产品能够在何种程度上延迟因 UVA 引发的"晒黑"的时间指数。"+"的数量越多就代表防御能力越强。从2013年起，PA 防晒最高标准修订为 PA++++。

❷ 根据季节和生活场景来选择

推荐大家根据环境来区分使用"SPF"和"PA"值的产品。因为，紫外线的量并不是固定的。日本是四季分明的国家，不只气温和温度有着明显的变化，紫外线照射量也会改变。紫外线（无论是 UVA 还是 UVB）照射量在夏季最大。因此，在夏季选择防御力较高的防晒产品才是正确的。并且，场所不同，接触到的紫外线照射量也有很大的差别。例如，在雪山也会晒伤，这是因为雪地会反射 80% 的紫外线。因此在雪地需要使用和炎夏防御能力相同的防晒产品。如果在办公室坐在靠窗的位置，应该使用"PA"值较高的防晒产品。

春、秋、冬的日常生活
（散步、购物、通勤、上下学等）

➡ **SPF25/PA++**

虽然说其他季节并没有夏季那样强烈的光照，但是也不能放松警惕。春季和秋冬季也会有 UVB 和 UVA，会引发慢性晒伤，所以应该使用能够隔绝日常紫外线的产品。

夏、户外（在海边、雪山等阳光强烈的地点进行娱乐活动）

➡ **SPF40 以上 /PA++ 以上**

特别是在会因 UVB 而直接遭受强烈损伤的地点，应该选择高于日常 SPF 值的产品。当然，由于同时也会受到 UVA 照射，所以也应选择 PA 较高的产品。

*对紫外线过敏的人应向医生咨询。

❸ 通过质地（霜、乳液、喷雾等）来选择
❹ 通过对皮肤的刺激来选择

在以前，防晒产品质地黏稠，还会浮粉。随着技术的进步，防晒产品涂抹时的舒适度也在不断提升，无色透明的效果成为标准。防晒产品也有各种不同的类型，如保湿能力较高的防晒霜、水润的防晒乳，只要轻轻一按就能完成防晒工作的防晒喷雾，等等。可以根据喜欢的质地来选择，皮肤干燥时可以使用防晒霜，时间紧迫时选择使用防晒喷雾，要根据不同的目的来区分使用防晒产品。容易对防晒产品过敏的人应该检查防御 UV 的成分。一般来说，紫外线散乱剂对皮肤比较温和，而紫外线吸收剂中有可能会有刺激敏感皮肤的物质。

了解防晒产品中的成分

紫外线散乱剂

将白色的矿物质粉末均匀地覆盖在皮肤表面，通过反射散乱紫外线，物理性地阻挡紫外线。紫外线散乱剂的缺陷包括易在皮肤表面形成白色薄膜、保质期较短等，但现在也有许多使用颗粒细小的散乱剂的防晒用品。

紫外线吸收剂

利用化学上的结构，吸收紫外线，保护皮肤。虽然防御 UV 的效果较好，但是也比较刺激皮肤。但随着滤光技术的提高，也出现了能够不直接接触皮肤、减轻皮肤负担的产品。

"非化学成分"是什么？

非化学成分就是不使用化学物质的意思。是指在防晒产品中不使用紫外线吸收剂，只使用含二氧化钛、氧化锌等自然成分的紫外线散乱剂。

为了让防晒护理和防晒产品更好地发挥作用

涂抹方式不同，防晒效果也截然不同！

☐ 用量充足，均匀地涂抹

☐ 每隔2~3小时补擦一次

☐ 在泳池里也不要忘记做好防晒

☐ 面部的侧面和颈部也要涂抹

"明明涂了防晒霜，但还是晒黑了"，你是否也有过这样的经历？其原因多半在于涂抹防晒产品的方式。首先，绝大多数人在使用防晒产品时都没有使用足够的量。SPF 和 PA 的值是在1 cm 的皮肤上使用2 mg 防晒产品时测量得出的结果。虽然在实际生活中按照这一标准涂抹会过于厚重，但必须要遵守品牌所推荐的使用量。并且，面部的侧面、下巴的下面、耳朵等从正面无法看到的地方容易被忽略。认真涂抹各个部位，不让皮肤暴露在紫外线下才是关键。

随着时间推移，由于皮脂和汗液的分泌，以及无意识地触摸面部，我们应该在补妆时，或每隔2~3小时就重新涂抹一次。并且，即便是防水的产品，随着多次进入大海或泳池，也容易被冲掉，沾上沙砾、用毛巾擦拭也会让防晒霜变少。因此，必须要注意随时补涂。

防止紫外线的其他方法

- 戴宽帽檐的帽子
- 使用遮阳伞
- 戴太阳镜
- 穿长袖衣服
- 尽量在阴凉处行走

可行的方法就是避免皮肤裸露在外，物理性地阻隔紫外线。穿长袖衣服，利用帽子、遮阳伞、太阳镜等物品能够很好地阻隔紫外线。并且，避开阳光，在阴凉处行走，以及利用地下通道都是有效的隔绝紫外线的方式。

防晒乳 / 防晒霜的基本使用方法

为了保护皮肤不受紫外线的伤害，每天都应该认真涂抹防晒产品，但到了夏天还是会有些晒黑。这正是因为防晒产品用量不足。在这里，大家一起掌握正确的防晒护理方法，保护美丽肌肤吧。

最少也要使用的适当量

在手中倒入适当的量（1元硬币大小）。用量过少会容易晒黑，使用超出适量的量是最基本的要求。

涂抹整个面部

从额头等面积较大的地方开始，从内向外涂抹。仔细涂抹面部的各个部位。

不要忘记颈部和胸口处

颈部和胸口处也要涂抹。在露出皮肤部位较多的夏季，不要遗漏任何部位。

特别容易晒黑。

多次涂抹容易晒黑的部位

脸颊和 T 区等面部凸起的部位会容易晒黑，应该重叠涂抹防晒产品。

容易晒黑的部位也容易出现色斑！

脸颊、T 区等面部凸起的部位更容易受到紫外线的照射，也更容易晒黑。并且，太阳穴下等受到紫外线影响会容易出现色斑的部位也要十分注意。

5

6

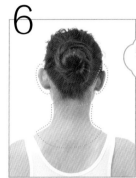

要注意这些部位都很容易晒黑！

手背也要做好防晒措施

对能够反映年龄的手背，也要认真做好防晒措施。以手上没有色斑为目标吧。

耳朵、后颈部等部位也要涂抹防晒产品

短发，或将头发扎起的人，也要在耳朵、后颈部等部位涂抹防晒产品。

一年中都要做好防晒护理！

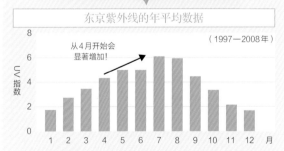

东京紫外线的年平均数据

（1997—2008年）

从4月开始会显著增加！

紫外线变弱时，会不会也有很多人忘记防晒护理呢？但是，紫外线在一整年中都有可能会伤害到你的皮肤。特别需要注意的是四月份。即便四月的气温很低，但紫外线的量和五月并没有明显的差别。为了不让皮肤快速老化，应该在一年中都做好防晒措施。

*由日本气象厅 HP 制作

95

有关 UV 对策 / 防晒的 Q&A

Q 只要使用具有防晒功能的妆前乳就可以了吗?

A 应付日常生活的话绰绰有余。但想增强抗 UV 能力，就需要使用更专业的防晒产品

在通勤、上下学、晾衣服、到附近购物等日常生活的活动范围内，只使用具有防晒功能的妆前乳就足够了。但是，如果你长时间接触紫外线，比如从事销售等在户外时间较长的工作，或者经常和孩子在公园玩耍，那么最好使用专业的防晒产品。首先使用防晒产品，然后再使用具有防晒功能的妆前乳，就能够提升抵御紫外线的效果。

Q 一定要使用卸妆产品吗?

A 防晒产品和彩妆一样，需要使用卸妆产品卸除!

防晒也是皮肤护理的一环，从成分上来看，紫外线吸收剂、紫外线散乱剂、表面活性剂等都含有会给皮肤添加负担的物质。因此，在清洁时，应该将它们看作是彩妆的一部分，即便没有使用粉底也要使用卸妆产品。特别是防水产品，更是应该卸除。残留在毛孔中的话，会导致痤疮产生。只有标记"使用平常的清洁产品就能够洗净"的产品可以不用卸妆。

Q 一天都在家中就不需要防晒?

A UVA 会进入室内!至少应该使用妆前乳

由于紫外线中的 UVA 能够穿透玻璃，所以即便处于室内也会受到紫外线照射。UVA 能够对真皮层造成损伤，让皮肤失去弹力，变得松弛，加速光老化。考虑到抗衰老，应该使用带有 PA 标识的防晒产品。使用具有防晒功能的妆前乳也可以。要将防晒看作是皮肤护理中的一环，没有外出的那天也要使用妆前乳或防晒产品。

Q SPF50 的防晒产品能够保持一天的防晒效果吗?

A 只在早上使用是不行的，应该经常补涂

SPF50 以上是防御效果最强的等级。抱着早上使用了这类产品就能够保持一天这样的想法是不对的。SPF 和 PA 值只是表示延缓皮肤变红、变黑的值，其中的差别只是表示对紫外线的防御能力的强弱。并不是数值越高就越能够确保长时间地隔绝紫外线。并且，防晒产品会随着皮脂和汗液的分泌而流失，皮肤接触时也会有所减少，所以至少在午餐后涂抹一次，有条件的话每隔 2~3 个小时就要重新涂抹。

善用 BB 霜

BB 霜原本是"底妆 + 护肤"的产品

　　BB 霜的 BB 是 Blemish Balm 的简称。Blemish Balm 有遮盖缺点和伤痕的意思。本来，它是指遮盖在激光治疗和去角质后产生的伤痕或肤色不匀、保护皮肤不受紫外线伤害的面霜。但现在比起护肤功能，大家更重视 BB 霜的化妆功能。BB 霜的色号也十分丰富，我们总能够找到适合自己肤色的产品。虽然不同的 BB 霜的 SPF 也有不同，但一般日常使用的话，SPF25・PA++ 的产品就足够了。如果是户外使用，应该使用 SPF40 以上的 BB 霜。因为 SPF 值越高给皮肤带来的负担也会越大，所以应该根据场合来选择使用 BB 霜。

使用 BB 霜的小窍门

- 涂抹面部和颈部的交界处
- 均匀地涂抹整个面部
- 敏感肤质的人应该谨慎使用
- 使用不会让皮肤看起来暗沉的色号

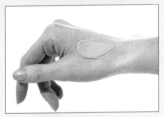

通过涂抹在皮肤上来选择色号

　　BB 霜已经属于粉底的一种。所以在选择色号和使用感都十分丰富的 BB 霜时，要像选择粉底一样。如果不知道应该选择较白的色号还是较暗的色号，那就选择后者，因为它能够更好地贴合肤色。

SKIN CARE

了解正确的 护肤方法
（特殊护理）

- 了解眼周和嘴周的护肤方式
- 是否应该使用按摩器和美容仪？
- 皮肤状态不好时应该如何护肤？

也有因护肤方法不当而加速皮肤老化的情况？！

眼周护理的正确方法

如果眼周有皮肤问题，应该这样做

面部中皮肤最薄的部位就是眼周，这也是最容易干燥、最容易出现多种问题的部位。并且，一天中我们会眨眼15 000次以上，给皮肤带来的负担也较大，因此应该对眼周进行特殊的护理。如果特别在意干燥，可以重叠使用乳液和面霜。如果有皮肤问题，应该使用眼霜。如有因干燥产生的小皱纹，可以使用含有神经酰胺、玻尿酸等保湿成分的产品。如有因色素沉着产生的眼袋和暗沉，则可以使用能够促进黑色素排出的美白类眼霜。针对较深的皱纹以及松弛，可以使用含有能恢复皮肤弹力的视黄醇的产品。30岁以后，保水能力低下，一定要进行眼周的护理。为了一直保持年轻、美丽的眼部，应该尽早开始护理。

眼周的皮肤问题

- 干燥
- 眼袋
- 暗沉
- 皱纹
- 松弛

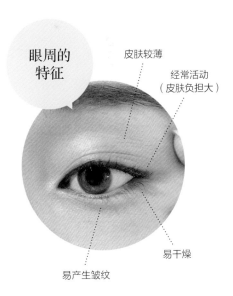

眼周的特征

皮肤较薄

经常活动（皮肤负担大）

易干燥

易产生皱纹

眼霜的使用窍门

1

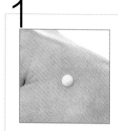

取适量放在手背

用干净的手取适量的眼霜放在手背。一只眼睛大概用一颗珍珠大小的量。

对抗眼袋、暗沉……

2

轻轻拍打，促进血液循环

用不易用力的无名指蘸取眼霜，轻轻拍打眼睛下方，促进血液循环。

对抗干燥、小皱纹、松弛……

2

不要刺激皮肤

用无名指从下眼睑的尾端到眼角，轻柔地涂抹。上眼睑处则相反，从眼角到眼尾按摩。

3

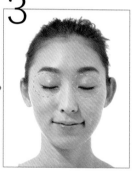

涂抹黄金部位要使用足量的眼霜

特别容易干燥的部位就是用虚线示意的黄金部位。在意鱼尾纹的可以把眼尾处算在内。

NG!

不应该用会"移动皮肤"的力气涂抹眼霜

相比其他部位，皮肤较薄的眼部更容易受到刺激，因此在进行眼周的护理时，动作一定要轻柔。如果过度用力的话，会产生皱纹、色素沉着、松弛。

常识！

不可以涂抹在眼睑处的产品有哪些？

视黄醇能够促进胶原蛋白的生成、让皮肤充满弹性，还具有改善皱纹和松弛的功能，但对皮肤的刺激也较大。在只有脸颊1/3厚度的眼睑上使用的话，可能会对皮肤产生刺激，应该仔细阅读说明后再使用。

唇部护理的正确方法

皱纹、暗沉、松弛……嘴唇也会老化！

嘴唇有着和黏膜相近的构造，角质较薄，新陈代谢也较快。因为没有皮脂腺，所以水分也会迅速蒸发，在湿度较低的环境下，不经常补充油分的话，会导致屏障机能低下，产生裂口。并且，嘴唇和皮肤一样，也会随着年龄增长而老化，会出现皱纹、暗沉、松弛、色斑等现象。在30岁之后，唇部的轮廓也会逐渐模糊，嘴唇的真皮中含有的玻尿酸的量也会减少。应该经常使用含有玻尿酸等保湿成分，以及能够形成皮脂膜的油分的润唇膏。唇部十分干燥时，应使用含有维生素B群的消炎成分的润唇膏，或是通过涂抹凡士林来提升屏障机能。

造成唇部问题的第一大原因是润唇膏？！

嘴唇和黏膜相似，对于刺激成分十分敏感。润唇膏中的薄荷醇让很多人产生唇部问题。如果是嘴唇容易干燥，应该避免使用含有这一成分的润唇膏。

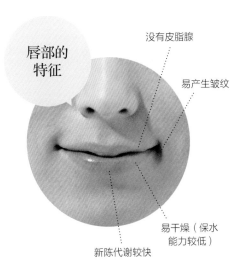

唇部的
特征

没有皮脂腺

易产生皱纹

易干燥（保水能力较低）

新陈代谢较快

唇部护理的关键

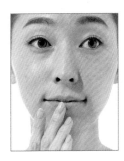

唇部干燥时，不要触摸

唇部起皮、裂口时，不要强行去除死皮，应该使用凡士林保护唇部。唇部的新陈代谢较快，一周就能够改善干燥问题。

按摩的正确方法

提升代谢，改善暗沉。只要手法正确，就能够获得良好效果！

按摩的最大目的就是促进血液循环。血液循环顺畅，就能够改善暗沉，让真皮的纤维芽细胞和表皮细胞变得更加活跃，调节皮肤的新陈代谢，创造健康的皮肤。提到按摩，很多人会认为是用很强的力道"锻炼肌肉"，但为了促进血液循环，并没有必要向皮肤深处施加压力。反过来，用力过度会破坏胶原蛋白导致皮肤松弛。使用化妆水让角质变得柔软后，可以使用按摩膏等顺滑的膏体涂抹整个面部，要像抚摸皮肤一样轻柔地用力。

适合这样的人群

● 浮肿

● 暗沉

● 上妆效果不好

● 四肢冰凉

● 面色不好

常识！

错误的按摩方式会导致皮肤下垂、产生色斑

强力按压皮肤来按摩，会破坏胶原蛋白，同时无法正常生成胶原蛋白。这也是皮肤下垂的一大原因。过度的用力还会刺激皮肤，引发色斑。

早上的按摩

 目的 消除暗沉，
使妆容更服帖

**将按摩加入护肤步骤中，
获得明亮肌肤**

　　早上的按摩能够立即改善浮肿和暗沉。只要在涂抹乳液和面霜时进行按摩，皮肤就更易于上妆。所以一定要养成在早上按摩的习惯。

晚上的按摩

 目的 让角质和皮肤
变得柔软

在放松时，缓解皮肤的疲劳

　　在晚上按摩能够去除一天的疲劳，具有很强的放松作用。它可以缓解皮肤的发硬，让美容成分不断地从柔软的角质层渗透到皮肤深层。应该在舒缓的环境下进行按摩。

按摩膏的使用方法

 →  →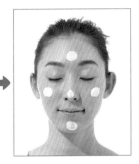

使用足量

　　用化妆水湿润皮肤后，取适量（大约是1元硬币大小的量）的按摩膏放于手掌上。

在手掌中融化

　　用手的温度加热按摩膏，使之变得柔软，易于涂抹。

放置在面部的五个部位上

　　在额头、两侧脸颊、鼻子、下巴这五个部位上放置按摩膏，这样易于涂抹到整个面部。

绝对不能大力
揉搓皮肤！

　　大力揉搓皮肤会让真皮组织松散，破坏胶原蛋白。按摩时，应该使用像抚摸皮肤般的轻柔力道。

使用按摩膏，让皮肤
变得光滑后再按摩

　　为了不刺激皮肤，要使用按摩膏，让皮肤变得光滑后再按摩。并且，按摩膏能够起到缓冲的作用，减轻皮肤在按摩时受到的刺激。

正确的按摩方法

1

一圈一圈地提拉

用三根手指的指肚按摩

从下巴到嘴角处滑动手指。从嘴角到耳朵下方像画螺旋一样向上提拉，按压耳朵前面的低洼处（共计三次）。

2

用三根手指按摩额头

和步骤1一样，从眉间到太阳穴像画螺旋一样地按摩，按压太阳穴（共计三次）。

3

轻柔按摩眼周

使用三根手指的指腹处，从下眼睑的眼尾到眼角，再到上眼睑，像画圆一样轻柔地按摩（共计两次）。

4

用手掌提拉整个面部

连带着鼻子周围，用手掌从下至上地提拉面部。这时要稍微施加压力（共计三次）。

5

用四根手指引导淋巴液流动

引导淋巴液流向锁骨

用手上剩余的按摩膏涂抹颈部。从下至上地提拉涂抹后，再从耳朵下方到锁骨处，引导淋巴液流动（共计五次）。

6

最后用纸巾擦拭

用纸巾覆盖半边面部，像按压一样擦拭按摩膏。然后将纸巾对折，用干净的那一面擦拭另外半边面部。

只要五个步骤的简单按摩法，请大家一定要尝试

NG!

不要过度使用按摩器！

按摩的目的是为了促进血液循环，按摩时保持手法轻柔，不要用力揉搓。但是，在按摩器中也有挤压提拉皮肤以给皮肤施加较大压力的产品。使用后会让皮肤发红的产品给皮肤带来的负担也很大。持续使用，会让皮肤损伤累积，造成下垂和色斑，因此要慎重使用。此外，使用按摩器时，应该在皮肤表面涂抹按摩膏或按摩油等，这些产品会起到缓冲的作用，减轻按摩器对于皮肤的刺激。

皮肤状态不好时的护理方法

在换季时，事先提高屏障机能

从冬季到春季，再从夏季到秋季，为什么在季节变换的时候，皮肤会容易产生一些问题呢？皮肤能够保护身体不受外界的温度和湿度变化、大气污染，以及紫外线的伤害，可以说是边界线。环境的变换，加上花粉等过敏源增多的季节的更替，使皮肤难以应对，就会出现干燥和发炎等症状。因此，事先采取能够提升屏障机能的护肤方法就能有效应对季节变换。可以使用含有神经酰胺和玻尿酸等保湿成分的化妆品来提升保水能力，再用含有大量油分的乳液和面霜来加强皮脂膜。此外，在处理夏季的皮肤晒伤时，最重要的是先要冷却皮肤。使用放在冰箱中的含有维生素 C 的化妆水冷却皮肤，抑制炎症，再摄取含有维生素 C 的保健产品来从身体内部抑制炎症。要牢记应该快速应对，不要让炎症加剧。

不同季节中容易产生的皮肤问题

春秋 过敏源较多的时期容易产生炎症

夏季 由晒伤引发的问题

冬季 因极度干燥引发的问题

提升屏障机能，获得不败给皮肤问题的强韧、健康的皮肤！

初期症状

- ☐ 皮肤经常紧绷
- ☐ 皮肤表面脱皮
- ☐ 皮肤表面有皮屑

➡ **加强保湿**
➡P89,97

皮肤问题的初期症状是干燥。在洗脸后，如果有皮肤紧绷、脱皮等现象就要注意了。此时皮肤的水分保持能力和皮脂分泌量变得低下，皮肤内部的水分容易蒸发，继续采用平时的护肤方式会加重干燥。首先，应该进行彻底的保湿。充分使用平时就在使用的化妆品，充分给予皮肤水分和油分，加强屏障机能。这样就能够逐渐改善皮肤的干燥。

中期症状

- ☐ 部分皮肤泛红
- ☐ 部分皮肤发痒

➡ **改变洗脸方式，**
尽量减少化妆
➡P85

如果皮肤状态进一步变差，新陈代谢也会变快，从而使得角质层中排列着未成熟的细胞。这样一来，皮肤就无法抵御外界的刺激，引发发红、发痒等炎症。出现炎症的部位会变得敏感，可以使用凡士林等产品来增强皮脂膜，保护皮肤。为了防止水分流失，应该使用保湿型洁面产品。化妆时也只使用蜜粉或局部彩妆产品，以减少清洁力度。

重度症状

- ☐ 使用化妆品时感到刺痛
- ☐ 泛红、发痒等症状无法
  得到改善

➡ **就医**

如果持续采取针对中期症状的护肤方式也无法改善泛红和发痒，甚至在使用化妆品时会感到刺痛，这时自行判断皮肤症状就会有危险。如果皮肤脆弱到这种程度，依靠皮肤自身能力已经无法构建屏障机能，应该尽早就医，让医生诊断。重度的皮肤问题应该依靠药物的力量以尽早恢复健康。

NUTRITION

通过饮食改善
皮肤问题

- 吃什么？如何吃？
- 想要了解对皮肤有益的食物

> 了解身体机能，
> 合理饮食，就能够
> 解决皮肤问题。

打造能够吸收营养的身体

为了更好地吸收营养，应该调整肠道状态

正如"肠道美人就是素颜美人"这句话所说，女性为了保持自身的美丽，要注重调节肠道环境。能够吸收用以维持皮肤和头发健康的营养素的就是肠道。在肠道中约有1000种微生物，大约为1000兆个，能够提供人体自身无法生成的维生素和能量。但是，人们三岁以前肠内将存在哪些菌群就会大致确定下来，所以从饮食中获得的改善效果也因人而异。即便想要通过乳酸菌饮料或保健品来改善肠道环境，成年后也无法获得新的肠道细菌。因此，为了增加肠道内已有的细菌，应该每天摄取自己从孩童时代就已经习惯食用的发酵类食品。

摄取维持肠道环境健康的发酵食品

纳豆

干鲣鱼薄片

味噌

辣白菜

腌渍物

在食品中加入微生物，会产生"发酵"的魔力。微生物能够制造出大量的营养素，能够大幅提升蕴藏在食品中的营养价值。发酵食品中富含微生物。通过摄取发酵食品，能够增加自身的肠道细菌，调节肠道环境，预防便秘，提高免疫力。

新常识！ ①

大豆异黄酮的有效人群和无效人群

大豆中的大豆异黄酮具有调节月经周期、缓解更年期症状的作用。但是近年来发现，它之所以和女性激素具有相似作用，其实是因为黄豆苷元（大豆异黄酮的一种）在肠道菌群（产生 equol 的细菌）的作用下所产生的最终代谢产物 equol 具有雌激素活性。能够在肠道内将大豆异黄酮分解成 equol 的日本人大约占五成，欧美人大约占三成。

DOI:10.11209/jim.21.217

新常识！ ②

寒天（琼脂）并不是零热量

大家是否认为由海藻制作而成的寒天是热量为零的减肥食品呢？其实，一部分日本人具有将海藻转化为能量的肠道细菌。但这种于欧美人而言的零热量食品，对于大约 $1/3$ 的日本人来说并不是这样的。这大概是长年居住在被海包围的日本、一直食用海藻的日本人的肠道环境的特性。

DOI:10.1038/ndigest.2010.100603

提高营养吸收率的方法

细嚼慢咽，分泌胃酸

食物经由口腔、食道、胃，最后到达肠道被吸收，胃酸分泌量较低的人的肠道吸收能力也较差。首先，在进食时应该细嚼慢咽，让胃部充分分泌胃酸，这一点十分重要。特别是对蛤蜊、扇贝、鱼类等食物中含有的维生素 B_{12} 的吸收率会因胃酸的量而发生很大的变化。并且，同时服用补铁保健品和抑制胃酸分泌的药，会让铁的吸收率降低38%。在吃饭时，比起缺乏色香味的加工食品，更应该选择热腾腾、香气诱人的食物，这样能够促进唾液和胃酸的分泌，帮助消化和吸收。

摄取鱼类和肉类等动物性蛋白质时会感到积食的人，可能存在体内的消化酵素或胃酸分泌不足的问题。应该经常在肉类和鱼类的菜品中添加柠檬等柑橘类食物。这是因为，滴入这类食物的汁能够预防餐后的胀满感，柑橘类的酸会帮助胃酸发挥作用。在进餐前饮用柠檬水也是一个好办法。菠萝和猕猴桃这两种水果也能够帮助分解肉类。因为胃部不适而避免食用肉类和鱼类，会导致体内的消化酶减少，变得更加无法食用这类食物。这时可以使用上述这些方法解决这一问题。

动物性蛋白质应该和柑橘类一同摄取

维生素 D × 阳光，能够恢复皮肤活力

维生素D具有维持骨骼和牙齿健康、提高免疫力、恢复皮肤活力的作用，也是当下被广为关注的维生素。干香菇、木耳、鲑鱼、秋刀鱼等食物中富含维生素D，但维生素D需要在阳光的作用下才能被激活，然后开始发挥作用。在紫外线较强的夏季，人体内会产生大量的维生素D。而到了冬天，维生素D的浓度就会降低。在夏天过于在意紫外线的伤害而进行防晒护理，会导致维生素D不足。在冬天只要晒15~20分钟（＊日本环境省）的阳光，就能够补充维生素D。因此，为了皮肤好，多多沐浴阳光吧。

平常，我们随便摄取的饮食，会因搭配方式的不同而提高或是降低营养吸收率。因此，在这里会给大家介绍彻底吸收营养的秘诀。

铁和锌要与维生素C一同摄取

能够调节皮肤的新陈代谢、合成胶原蛋白，成为头发和指甲原材料的锌，以及随着月经流失的铁是女性最容易缺乏的两种元素。人们平常虽然在积极地摄取，但是锌和铁的吸收率都非常低。例如，仔细观察铁的吸收率，就会发现人体对动物性食品中含有的"血红素铁"的吸收率是植物性食物的"非血红素铁"的大约五倍。所以应该与非血红素铁一同摄取维生素C，这样能够提高锌和铁的吸收率。在食用含有大量锌的牡蛎时，应该与柠檬一同食用。

有些女性会因在意摄取脂肪过量而一天饮用近2 L的减肥茶从而导致贫血。这是因为受到了妨碍铁（血红素铁）和钙的吸收的鞣酸的影响。减肥茶中含有的儿茶酸也会妨碍叶酸的吸收。咖啡和红茶中含有的咖啡因会让血管收缩，让传递到皮肤中的血液变少，因此并不是获取美丽肌肤的好帮手。根据饮水规则，餐后30分钟内应该饮用"颜色较深的饮品"。在进食时，推荐大家饮用焙煎茶、大麦茶、路易波士茶、薄荷茶、甘菊茶等茶饮。

减肥茶会影响营养吸收

便秘也会使营养吸收变差，要注意！

肠道内有1~2 kg、1000兆个肠道细菌，它们能够在体内合成维生素，帮助消化和吸收。但是，便秘会减少肠道内的有益菌，增加使食物腐败的有害菌。有害菌会让活性氧或有害物质大量产生，让肠道环境变差。在产生有害物质的肠道内，维生素的合成率和营养的吸收率也会下降，从而引发皮肤问题等。

科学摄取蛋白质，打造健康肌肤

卷心菜和凤尾鱼的意大利面
（沙拉＋面包）

煎鸡肉和番茄酱
（沙拉＋面包）

湿润、弹力、透明感，蛋白质是美丽肌肤的根本！

为了打造健康皮肤，蛋白质是不可或缺的。其中包括能够保持皮肤湿润的天然保湿因子（NMF）、给皮肤带来弹力的胶原蛋白，以及作为弹性蛋白原料的蛋白质。蛋白质具有促进新陈代谢的作用，能够促进黑色素的排出，预防暗沉和色斑。但是在日本却有很多女性都缺乏对皮肤十分重要的蛋白质。

为了保持较高的基础代谢，保持肌肉量是关键。一天要分三次摄取蛋白质，每次要摄取的蛋白质的量大约为一只手大小，这样才会有效果。以意大利面和面包为主的饮食生活，是无法解决蛋白质不足这一问题的。因此，每天要注意摄取适量的蛋白质。例如，在食用意式午餐时，除意大利面套餐外，还要加入鱼贝类和肉类。为了摄取优质的蛋白质，可以参考下一页的氨基酸评分表来选择食物。

蛋白质不足就无法变得漂亮。要重新审视饮食方式。

了解"氨基酸评分表"（对蛋白质的评价），打造健康的身体和皮肤

氨基酸评分表是什么?

对照氨基酸评分表，优质蛋白质便一目了然!

肉类、鱼类、蛋类中含有的蛋白质是由氨基酸组成的。但是，无论哪种食物中的蛋白质都无法均衡地包含我们必须摄取的九种氨基酸。为此，将食品中含有的氨基酸用数值表现出来的方式就是"氨基酸评分表"。将其看作对蛋白质的评价或许会更加容易理解。氨基酸评分表中食物得分越接近100，就越表明这种食物中含有的氨基酸种类是均衡的，因此也被称为"优质的蛋白质"。

一般肉类、鱼类、蛋类、大豆、乳制品的氨基酸评分较高，所以想要摄取蛋白质时，可以选择这些食物。摄取意大利面、面包、乌冬面等评分表中分数较低的食物时，要注意和分数较高的食物一同食用。即便是一个无法拥有完整的蛋白质源的食物，只要补其不足，合理搭配，那么在成为一道菜品时，它在氨基酸评分表中的得分也会变成100分。像这样在选择菜品时，调节氨基酸的平衡，就能够更加接近健康的皮肤状态。为了有效摄取优质蛋白质，要注意氨基酸评分表。

AMINOACIDSCORE100

应认真摄取的氨基酸评分为100分的食物

酸奶　　　　鸡蛋　　　　鸡肉

鲑鱼　　　　豆腐　　　　金枪鱼

- 牛奶
- 猪肉
- 牛肉
- 干鲣鱼薄片
- 竹荚鱼
- 沙丁鱼
- 秋刀鱼
- 毛豆
- 豆腐渣
- 豆奶

资料来源：日本食品氨基酸组成表 修订版

需要牢记的氨基酸评分表

西蓝花	85	鱿鱼	71
蛤蜊	84	玉米	69
青豆	84	菠菜	64
韭菜	83	精白米	61
南瓜	79	荞麦面	61
虾	77	番茄	51
土豆	73	杏仁	47
扁豆	72	低筋面粉	42

不同部位的肉的热量表（一餐80g左右）

鸡肉			猪肉		
第一名	鸡翅（带皮）	169 kcal	第一名	五花肉	309 kcal
第二名	鸡腿肉（带皮）	160 kcal	第二名	里脊肉	210 kcal
第三名	鸡胸肉（带皮）	153 kcal	第三名	肩胛肉	202 kcal
第四名	鸡腿肉（去皮）	93 kcal	第四名	猪腿肉	146 kcal
第五名	鸡胸肉（去皮）	86 kcal	第五名	猪肝	102 kcal

牛肉		
第一名	五花肉	414 kcal
第二名	牛腰肉	398 kcal
第三名	肩里脊肉	329 kcal
第四名	肩肉	229 kcal
第五名	里脊肉	178 kcal

选择菜品时应参照氨基酸评分表。

根据不同的部位和烹饪方法，肉类中的热量也大为不同

　　肉类虽然富含蛋白质，但也含有大量的脂肪，根据部位的不同，也容易造成热量超标。因此在选择菜品时应该参考这个表。并且，应该关注烹饪方法。鸡肉去皮后能够减少约44%的热量。猪腿肉在煮后也会减少约24%的热量。牛肩里脊肉在烤后会减少约20%的热量。

食用方法示例

加入评分为100分的食材

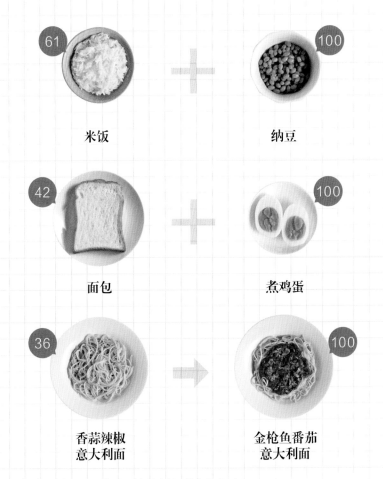

米饭 61 ＋ 纳豆 100

面包 42 ＋ 煮鸡蛋 100

香蒜辣椒
意大利面 36 → 金枪鱼番茄
意大利面 100

通过"低 × 高"的氨基酸评分来提升蛋白质的均衡！

氨基酸评分中最重要的就是食材的组合。例如，日本人的主食——米饭中的赖氨酸的含量较低，作为蛋白质源是不充分的。但是，只要同时食用富含赖氨酸的纳豆，氨基酸评分就能够达到100分。意大利面中加入鱼贝类、肉类的酱汁，或者面包搭配鸡蛋、奶酪一同食用，蛋白质就会变得更加均衡。并且，摄取优质的蛋白质，能够产生"饱腹激素"（瘦蛋白），从而预防饮食过量。

"日本人容易便秘" ⇨ 加速老化！

便秘是老化的自动点火装置！不快点解决，会导致皮肤老化

现在，很多女性都因便秘而感到烦恼。这是为什么呢？日本人原本属于以谷物为主食的农耕民族。由于食物需要花费很长时间消化，因此与以小麦为主食的欧美人相比，日本人的肠道已经变长了。为了保持肠道的健康，日本人也会大量摄取食物纤维或纳豆、渍物等发酵类食品。但是，近年来，传统日本饮食受冷遇，很多人以缺乏膳食纤维或乳酸菌的饮食方式为主，导致肠道环境恶化，便秘的人也在不断增加。

在便秘者的肠道中，有益菌减少，使食物腐败的有害菌在增殖，并产生大量氨和活性氧等毒物质。这些有害物质不只会让肠道环境恶化，还会进入血液中，给整个身体带来损伤。被有毒气体污染的血液到达皮肤后，会引发血液循环不良，扰乱皮肤新陈代谢，从内部加速老化。

含有膳食纤维的食材 top 10（不同使用量中的含量）

1	牛油果（1/2个）	3.7 g	6	咖喱粉（6 g）	2.2 g
2	纳豆（1盒）	3.4 g	7	干萝卜片（10 g）	2.1 g
3	牛蒡（1/3个）	3.4 g	8	裙带菜（5 g）	1.8 g
4	豆腐渣（30 g）	2.9 g	9	肠浒苔（3 g）	1.2 g
5	羊栖菜（5 g）	2.2 g	10	干香菇（2个）	0.8 g

"日本人容易得糖尿病"
⇨ 皮肤糖化 ⇨ 发黄！

不知不觉中发生了糖化反应，喜爱甜食和饮酒的人要留意

在食用甜食（糖分）和碳水化合物时，血糖值会上升。为了让血糖值下降，胰脏会分泌一种名为"胰岛素"的激素。一直以来过着以谷物为中心的饮食生活的日本人，由于分泌的胰岛素量少且分泌速度慢，所以胰岛素的分泌能力只有白种人的一半。加上现代的欧美型饮食需要大量的胰岛素，所以让血糖值下降的负担也在变大，使人易患糖尿病。

血糖值上升也会给皮肤带来不好的影响。这就是最近经常会听到的"糖化"。糖化是指体内多余的糖分与蛋白质相结合的反应，餐后的血糖值超过150，体内就会产生 AGEs（糖基化终末产物）这一强劲的促老化物质，导致蛋白质硬化、断裂，皮肤发黄。一旦产生 AGEs，依靠身体自身的能力是无法去除的，它会在体内堆积，破坏胶原蛋白，引发皱纹和皮肤暗沉。糖化和年龄没有关系。经常吃点心的人，产生糖化反应的可能性较大。

通过饮食搭配来控制

油豆腐乌冬面

鸡蛋盖面

想要预防糖化，控制血糖值十分重要。为了不让血糖值在餐后急速上升，要注意饮食搭配。例如，白饭或白面包、乌冬面等精制的碳水化合物容易导致血糖值上升，在食用时应该搭配不易让血糖值上升的蔬菜、菌类、海藻类、肉类、鱼类、蛋类，以及纳豆和渍物等发酵食品，防止血糖值急速上升。

[实践课程]
PRACTICE

SKIN CARE

解决皮肤的
烦恼和问题

- **为什么会引发皮肤问题?**
- **应该如何护肤才能解决这些问题?**

即便是根深蒂固的问题，也一定会有解决对策！

掌握对皮肤有益的食材、食用方法。

了解产生皮肤问题的 原因 ，采取 对策 ！

所有的皮肤问题都从干燥开始

干燥

➡ 详见 P120

应对每年增长的皱纹的关键在于尽早开始护理

皱纹

➡ 详见 P126

眼袋的原因有三个。你是哪种类型?

黑眼圈

➡ 详见 P132

四种方法让毛孔不再明显

毛孔
➡ 详见 P138

痤疮、小疙瘩也有护理对策！

痤疮·
小疙瘩

➡ 详见 P144

锻炼皮肤，告别松弛！

下垂

➡ 详见 P152

重获透明感，暗沉皮肤护理的秘诀

暗沉

➡ 详见 P158

安全、有效的护理方式

色斑
（美白）

➡ 详见 P166

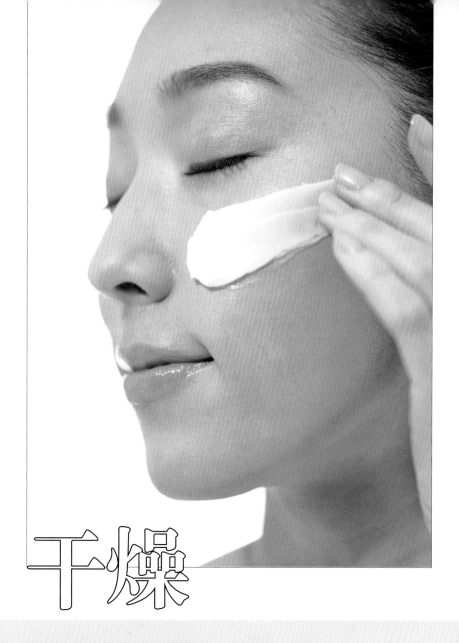

干燥

拒绝干燥！重获水润肌肤

　　湿润的皮肤不仅健康、能够有效抵御皮肤损伤，而且纹理细致，看上去十分美丽。但是，我们的皮肤都在逐年变得更干燥。在出现大的皮肤问题之前，应采取正确的保湿护理，逃出干燥的泥潭。

原因 为什么会引发干燥？

干燥是任何人都会发生的皮肤问题

在人类皮肤的表皮最上层的角质层中间有着像砖块一样排列的角质形成细胞，而神经酰胺等细胞间脂质会联结其中的空隙，保留水分。并且，角质形成细胞中含有能够留住水分的天然保湿因子（NMF），从而能够维持水润、光滑的皮肤。同时，为了不让这些水分蒸发，皮脂膜会成为皮肤的屏障，守护皮肤。

但是，气温和湿度等外界环境的影响，以及年龄增长，使得细胞间脂质、天然保湿因子、皮脂的量逐渐减少，皮肤也无法发挥正常的机能。于是，保留水分的能力和屏障机能会逐渐下降，水分流失后皮肤变得干燥。表皮较薄的日本人更是容易皮肤干燥。为了不让干燥症状进一步加剧，需要及时补充每年都在减少的细胞间脂质和天然保湿因子等物质，进行正确的保湿护理吧。

健康的皮肤（湿润的皮肤）

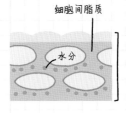

细胞间脂质
水分
角质层

干燥皮肤

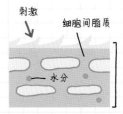

刺激
细胞间脂质
水分
角质层

导致皮肤干燥的主要原因

☐ 过度清洁
☐ 晒伤
☐ 不采取保湿护理
☐ 饮食生活不规律（营养不足）
☐ 有刺激性的卸妆产品
☐ 过敏（花粉症等）
☐ 年龄增长
☐ 外界的干燥

平时无意中做的事也可能会成为干燥的原因！

121

对策 正确的保湿方法

保湿就是加入保湿成分，
然后用油性成分封闭

保湿成分 ①

神经酰胺
（细胞间脂质）

联结细胞，打造湿润健康的皮肤

　　神经酰胺等细胞间脂质具有能够黏合角质层内细胞的特性以及缔合水分子的能力。只要这种细胞间脂质充足，角质便不会脱落，皮肤能够保持健康、水润的状态。但是，由于细胞间脂质会随着年龄增长而减少，因此有必要通过化妆品补充。为了使水分彻底渗透到皮肤中，应该选择含有神经酰胺的化妆品。皮肤干燥较为严重的人可以加入美容液。

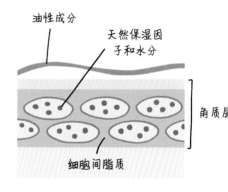

油性成分

天然保湿因子和水分

角质层

细胞间脂质

保湿成分 ②

氨基酸和透明质酸
（天然保湿因子）

天然保湿因子是皮肤自身产生的保湿成分

　　在角质层内部排列的角质形成细胞中有被称为天然保湿因子的能够储存水分的物质。如果有充足的天然保湿因子，角质形成细胞就能够更好地抵抗外界环境变化，储存水分的能力也会提高。但是，天然保湿因子容易因过度洗脸、年龄增长、睡眠不足等原因流失，需要通过使用含有氨基酸、透明质酸、尿素等天然保湿因子的化妆品补充。应该在使用含有神经酰胺的化妆水和美容液滋润皮肤后，使用含有天然保湿因子的面霜。

油性成分

凡士林和矿物油

制作人工皮脂膜，防止水分流出

　　正确的保湿护理是指具备保湿效果（保湿剂）、润肤效果（即令肌肤变得光滑柔软）、密封效果这三种的护肤效果。凡士林和矿物油负责实现第三种效果，即密封效果。如果是皮脂量充足的健康皮肤，使用自身的皮脂膜就足以保护皮肤，但皮脂量会随着年龄增长而逐渐减少。请使用面霜等油性成分提升屏障机能，防止水分流失。

干燥严重时应该怎么办？

方法1
增加保湿化妆品的使用量

当因冬季气候以及空调等原因而引发干燥，使得皮肤无法保持湿润时，可以尝试增加平时使用的化妆品的量。使用化妆水、美容液、乳液／面霜时要足量。要以在护肤后，用纸巾按压皮肤，纸巾会因油分而粘在皮肤上为标准。如果产生头屑，说明皮肤干燥已经到了使用化妆水会感到刺痛的程度，那么就应该停止使用平时的护肤方式，充分涂抹凡士林，彻底保护皮肤。

方法2
改用清洁能力温和的卸妆产品

皮肤干燥严重，会导致屏障机能低下，在这时洗脸和卸妆会让皮肤更加容易失去水分。并且，卸除油性彩妆的卸妆产品中含有表面活性剂，容易过度去除皮脂。卸妆后，如果感到皮肤紧绷、立刻变干的话，应该改用清洁能力温和的卸妆产品。推荐大家使用能够适度保留水分的卸妆膏或卸妆乳。

方法3
改善日常饮食

当认真护肤也无法改善皮肤干燥时，可以摄取能够作为天然保湿因子或神经酰胺材料的食材，给皮肤和头发补充水分。

➡ 详见 P124

持续进行合适的保湿护理，就能够重获水润皮肤

干燥是皮肤问题的初期症状

干燥的皮肤无法保有水分，皮肤会变硬，看上去不再美丽。并且，水分保持能力低下易引发炎症，加速新陈代谢，发育不完全的细胞排列在角质层中，进而导致屏障机能低下。这便是干燥引发的连锁反应。如果无法保护皮肤免受外界环境的影响，就会出现皱纹、下垂、色斑、暗沉，毛孔也会变得更加明显。干燥是所有皮肤问题的导火索。

"凡士林"的力量

天然的屏障机能，即皮脂膜足够坚固，就能保持不受外界刺激的健康皮肤状态。但是，干燥较为严重的皮肤因皮脂量的低下而无法保护皮肤。能够模拟皮脂膜的就是凡士林。凡士林的油性成分停留在皮肤表面，封闭水分，保护皮肤不受外界刺激。虽然凡士林并不具备保湿作用，但当皮肤已经达到使用化妆水就会刺痛的干燥程度时，皮肤科的医生就会将凡士林作为紧急处理方法开出处方。

使皮肤更滋润的饮食

98% 的水分来自饮食！
正确饮食，预防干燥

在皮肤十分干燥时，我们或许更应该调整饮食生活，而不是依赖化妆水和美容液。因为皮肤的水分是由2%～3%的皮脂膜、17%～18%的天然保湿因子，以及80%的神经酰胺来守护的。天然保湿因子的主要成分是构成蛋白质的氨基酸，有促进皮肤新陈代谢的效果。作为神经酰胺组分的必需脂肪酸则具有调节女性激素机能的作用。这两者都需要从日常饮食中摄取，因此98%的水分都是从饮食中获取的。并且，为了能够更容易摄取蛋白质和必需脂肪酸，合生素*也必不可少。因此，如果不积极摄取这些物质，就无法从身体内部产生水分。

* 是指益生菌 (Probiotics) 与益生元 (Prebiotics) 结合使用的生物制剂。

有效摄取的关键

- 在就餐前食用牛油果
- 积极摄取鱼类和贝类
- 蛋白质要和维生素 C 一同摄取

想要摄取能滋润皮肤的食物，摄取方式也十分重要。现在，最受关注的摄取方法就是就餐前先食用牛油果。美国俄亥俄州立大学的研究表明：番茄或胡萝卜与新鲜的牛油果一同食用，其中含有的胡萝卜素能够更快速地吸收，并转化为给皮肤带来弹力的维生素 A。并且，鱼贝类中富含 ω-3系（DHA·EPA）等优质必需脂肪酸，与维生素 C 一同摄取能够提升吸收率。

*Journal of Nutrition
First published June 4,2014,doi:10.3945/jn.113.187674

对干燥有效!

推荐食材

牛油果

美肌食材的代表性食物。其中富含必需脂肪酸，能够提高给皮肤带来弹力的维生素 A 的前驱物质——胡萝卜素的吸收率。同时富含膳食纤维。

核桃

富含调节女性激素、抑制皮肤炎症的 ω-3系脂肪酸，以及作为"美肌维生素"的生物素。摄取方便也是它的一大优点。

鲑鱼

作为"食用美容液"，鲑鱼中含有大量的水分。同时含有氨基酸和必需脂肪酸也是非常大的优点。

味噌

味噌是能够简单摄取的日本发酵食品。每天食用味噌汤，能够提升皮肤保湿能力，更易于上妆。

油

摄取美容精油中不含有的必需脂肪酸。多关注能补充维生素和矿物质的南瓜籽油等食用油。

牡蛎

别名为"海中牛奶"。牡蛎中富含各种营养素。其中，作为美丽肌肤、指甲、头发原材料的锌元素尤为充足。

红辣椒

即便加热红辣椒，其中含有的维生素 C 也不会轻易被破坏，能够帮助我们更为方便地摄取美容成分。营养价值最高的是偏橙色的红辣椒。

纳豆

大豆制品中含有能够防止色斑的 L-半胱氨酸。由于纳豆是发酵产品，其营养价值超出大豆几倍，是十分优秀的美容食材。

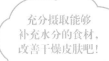

充分摄取能够补充水分的食材，改善干燥皮肤吧!

冻豆腐

其实豆腐中也含有能够作为神经酰胺组分的必需脂肪酸。冻豆腐中的蛋白质是绢豆腐中的10倍，营养价值非常高。

可可

可可中含有女性容易缺乏的膳食纤维和锌等物质，是抗氧化力非常高的食材。用豆乳或脱脂牛奶冲调的话，也能补充蛋白质。

* 由味噌 / 丸米株式会社和东京工科大学的前田宪寿共同研究

皱纹

针对三种皱纹类型进行护理，防止小细纹加深！

只是一条皱纹，就会让人看起来更加显老。我们尽可能地不想增加皱纹。那么首先，应该了解自身皱纹的类型，选择最适合的护理方式。改善较深的皱纹是无比艰难的事情！尽早开始护理，做到不增加、不加深皱纹。

原因　为什么会出现皱纹？

皱纹并不只是因干燥而产生

　　照镜子时忽然发现，原本会恢复的皱纹再也不会恢复了……你是否有过这样的经历？那么，皱纹是如何产生的呢？其实，皱纹分为三种类型。首先，最开始出现的是皮肤表面的角质层中产生的小细纹和棉布纹。干燥是皱纹形成的主要原因，如果皱纹较浅，只要补充水分皱纹就会逐渐消失。接下来出现的是表情皱纹。在皮肤紧致感和弹力都开始下降的30岁左右，就能够注意到笑纹已经无法恢复了。并且，随着年龄增长，真皮层中的胶原蛋白和弹性蛋白变得脆弱，十分容易被破坏，皱纹就会发展为老化皱纹深深地刻在皮肤上。深入真皮层的皱纹，想要通过护肤来改善是十分困难的。因此，抗皱纹最关键的在于预防，在皱纹变深之前，开始采用正确的护肤方式吧。

> 皱纹最重要的是预防！根据皱纹类型，选择最合适的护理方式吧。

皱纹的三种类型

❶ 小细纹

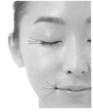

由干燥引发的较细、较浅的皱纹

　　因干燥而出现在皮肤表面的较细、较浅的皱纹。缺少水分的角质层的容积会缩小，多余的部分则会引发皱纹。干燥是产生小细纹的主要原因，而干性肤质的人在年轻时就会出现这类皱纹。

❷ 表情皱纹

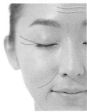

因表情习惯而逐渐显现的皱纹

　　笑或发怒，在做这些表情时出现的皱纹就是表情皱纹。面部肌肉的过度收缩会导致皮肤出现褶皱，而当褶皱逐渐稳定就会产生这类皱纹。表情皱纹也会随着年龄增长逐渐加深。

❸ 老化皱纹

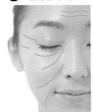

随着年龄而逐渐加深的皱纹

　　随着年龄增长，真皮层中的胶原蛋白和弹性蛋白变得脆弱，然后变质，进而产生皱纹。由于负责掌控皮肤弹性的胶原蛋白在减少，无法再支撑眼周和脸颊的皮肤，所以眼下的皱纹和法令纹会逐渐加深。

对策 ❶ 改善"小细纹"的正确护理方式

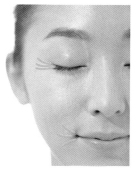

只要认真进行保湿护理，就能够改善小细纹！

小细纹或棉布纹等较细、较浅的皱纹的产生原因就是干燥。就像苹果的果肉如果脱水缩小，果皮表面就会出现细小的纹理一样。这类皱纹容易出现在皮肤较薄且容易干燥的眼周，以及经常活动的眼尾处，从25岁之后就开始变得明显。出现在表皮较浅部位的小细纹是由干燥或护理不到位引起的，只要每天早晚认真进行保湿护理，就能够逐渐改善。还可以使用含有保湿成分和油分的眼霜。如果是嘴周干燥，叠涂乳液和面霜会十分有效。随着年龄增长，肌肤的水分保持能力会逐渐降低，发现小细纹时，要立刻采取抗干燥对策。

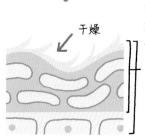

干燥

角质层

表皮

角质层内部的细胞如果缺乏水分，就会萎缩，容积变小。这样一来，光滑的表面皮肤就会出现多余的部分，从而出现小细纹和棉布纹。

护理的关键

⭕ 使用保湿效果较强的眼霜！

在护理因干燥产生的小细纹时，要使用含有保湿成分和油分的眼霜进行彻底保湿。容易干燥的眼周要注意补充水分，预防水分流失。推荐使用能够长时间停留在皮肤上的眼霜。

出现即使认真保湿也无法改善的小细纹时该怎么办？

即使进行持续的保湿护理，也无法改善小细纹，那么皱纹可能正在变成老化皱纹。这时，应该改用能够给皮肤带来紧致感和弹力的老化皱纹对策（详见141页）。针对这类皱纹也一定要尽早开始护理。

对策 ❷ 改善"表情皱纹"的正确护理方式

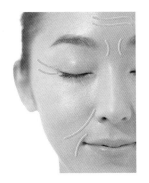

针对长年累积的表情皱纹，医疗美容更加有效！

随着大笑、发怒等面部活动而出现的皱纹就是表情皱纹。这类皱纹是因被称为表情肌肉的面部肌肉的过度收缩而产生的，并且逐渐定格在皮肤上。眉间和眼尾处容易出现表情皱纹，笑起来面部活动较大的人也会在鼻子旁边出现皱纹。表情皱纹反映了一个人长年保持的表情习惯。随着年龄增长，真皮逐渐失去弹力和紧致，使得皮肤无法恢复原状，表情习惯就会变成皱纹印刻在面部。经过长年的积累而深入真皮层的表情皱纹是无法通过护肤来改善的。如果想要消除表情皱纹，可以依靠医疗美容的力量，如注射玻尿酸或肉毒杆菌等。这样能够抑制表情习惯，防止皱纹加深。

表情习惯

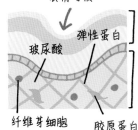

表皮 / 真皮 / 弹性蛋白 / 玻尿酸 / 纤维芽细胞 / 胶原蛋白

在做特定的表情时，相同的部位就会出现褶皱。当真皮层的胶原蛋白纤维发生变性或减少时，长年累积的褶皱就会像沟壑一样下陷，成为无法恢复的皱纹。

如果想用医疗美容对抗皱纹

方法① 注射玻尿酸

填充下陷的沟壑，消除皱纹

在嘴周或眼周的皱纹，以及下陷的部位上直接注射玻尿酸，让皮肤从内部隆起的医疗美容手段就是注射玻尿酸。玻尿酸作为人类原本就有的天然保湿因子，会逐渐被代谢，因此半年后会恢复到注射前的状态。

方法② 注射肉毒杆菌

抑制表情习惯，防止皱纹产生

肉毒杆菌具有抑制肌肉活动、消除皱纹的作用。虽然肉毒杆菌对消除表情皱纹更加有效，但效果并不是永久的。因此为了减轻皱纹，需要定期注射。

129

对策 ❸ 改善"老化皱纹"的正确护理方式

采用适合自己的护理方式,既能预防也能减轻老化皱纹

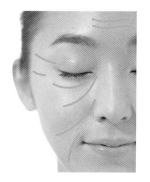

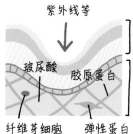

紫外线等

表皮

玻尿酸　胶原蛋白　真皮

纤维芽细胞　弹性蛋白

真皮层的胶原蛋白、弹性蛋白、纤维芽细胞的变性和减少是出现老化皱纹的主要原因。随着年龄增长,真皮层中的胶原蛋白组织变得脆弱,容易遭到破坏,量也在减少,因此失去弹性,产生深深的皱纹。能够进入皮肤深处并破坏真皮层中的胶原蛋白的紫外线也是导致皱纹的主要原因。在年轻时受到大量紫外线照射的人会容易出现皱纹,这一点要十分注意。在进行针对老化皱纹的护理时,增加胶原蛋白的量十分重要。使用含有能够促进胶原蛋白生成的维生素C或视黄醇等抗氧化成分的化妆品,或者定期进行去角质护理,能够减轻老化皱纹。这些护理方式也能够改善面部下垂或预防老化。

老化皱纹是在真皮层中的胶原蛋白或弹性蛋白的连接变得脆弱且无法支撑皮肤时,面部出现的较深的沟壑。容易出现在额头、眼尾、容易下垂的眼部下方,以及嘴周等部位。

护理的关键

○ 使用含有维生素 C 和视黄醇的化妆品

含有抗衰老作用较强的抗氧化成分的化妆品是对抗老化皱纹的必需品。这类物质的典型代表就是维生素C和视黄醇。维生素C能够促进胶原蛋白的生成,收缩毛孔,提升保湿能力,给予皮肤紧致感和弹力。推荐大家使用十分方便的化妆水。视黄醇具有调节皮肤的新陈代谢、作用于纤维芽细胞、增加胶原蛋白的作用。但是视黄醇的刺激性较强,开始使用时要先尝试使用少量。

○ 通过去角质促进新陈代谢

随着年龄的增长,皮肤再生(即新陈代谢)的速度会变慢,代谢会变差。这也是助长皱纹的主要原因。用酸或酵素去除不需要的角质,能够促进新陈代谢,也能够让真皮层中的纤维芽细胞变得更加活跃,增加胶原蛋白。如果小细纹变得明显,应该定期进行去角质护理,预防老化皱纹。

➡ 详见 P25

促进女性激素

具有女性特征的柔美的曲线、柔软的皮肤，以及有光泽的头发，都要依靠女性激素的作用。女性激素具有促进真皮层的胶原蛋白产生的作用。因此，可以积极摄取和女性激素有相似作用的大豆异黄酮。只要一天中的一餐摄取豆腐或纳豆，就可以从身体内部防止皱纹产生。

➜ 详见 P55

促进胶原蛋白生成 （化妆品·医疗美容）

想要通过护肤促进胶原蛋白生成时，使用含有抗氧化成分的化妆品十分有效。进行医疗美容的话，可以从化学去皮或负离子导入开始。如果想要获得更加明显的效果，可以选择高频或激光治疗。通过热或光给真皮层中的胶原蛋白纤维以刺激，让皮肤在重建的过程中增加胶原蛋白的量，改善皱纹和下垂。

➜ 详见 P198

认真进行日常防晒十分重要！

注意不要快速减肥！

快速减肥不仅会给身体带来损伤，也会让面部的脂肪和肌肉急速减少。这样一来，缺乏皮下组织的皮肤就会变得松弛，容易产生皱纹或下垂。

容易出现皱纹的面部类型有哪些？

虽然皱纹容易出现在皮肤较薄且经常活动的部位，但面部的类型也分为容易出现皱纹和不容易出现皱纹两种。例如法令纹，脸颊面积较大，尤其是脸颊较长的人容易出现这种皱纹。被称为泪沟的眼睛下方的皱纹，容易出现在眼睛又圆又大的人的脸上。嘴角内凹的人也要注意嘴角边向下延伸的名为木偶纹的皱纹（详见166页）。

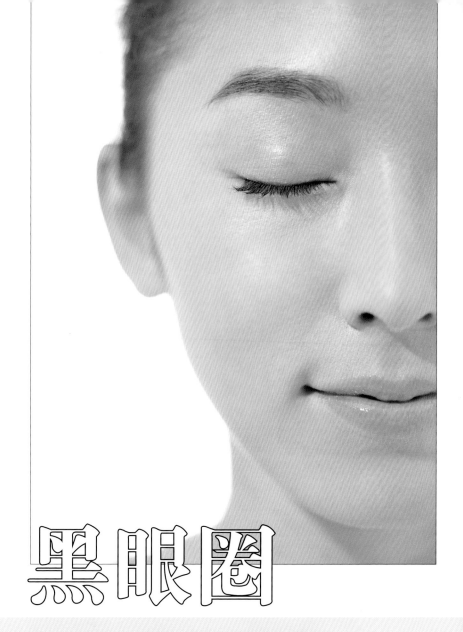

黑眼圈

采取正确的抗黑眼圈对策，改变印象年龄！

如何摆脱在眼部出现的、阴影一般的黑眼圈？相信谁都会有这样的烦恼。但出现黑眼圈的原因却不止一个。首先，找出自己的黑眼圈类型；然后，选择正确的护理方式；最终，重获明亮、清澈、年轻的双眸。

原因 为何会产生"黑眼圈"?

黑眼圈的三种类型

　　皮肤较薄且容易干燥的眼周会出现各种皮肤问题。其中，各个年龄层都会出现的问题就是眼部下方的黑眼圈。我们可能会经常注意到眼睛下方出现阴影，颜色发生变化，但其实黑眼圈分为三种类型。其中之一是青色黑眼圈，它是由血液循环不畅引发的。睡眠不足或体寒等因素导致血液流通不畅，此时从皮肤处能够看到静脉血，所以眼睛下方才会看起来发青色。第二种是由摩擦或紫外线的伤害引发的色素沉着所导致的黑眼圈。皮肤暗沉看起来很像咖啡色，所以被称为咖啡色黑眼圈。第三种是黑色黑眼圈。这是由于干燥和年龄造成的真皮成分衰退，眼部下方的皮肤凹陷，形成阴影，从而产生黑眼圈。

两种类型的黑眼圈同时出现

　　只要坚持进行针对三种不同类型黑眼圈的护理，就能够逐渐改善黑眼圈。但是，在容易受到损伤的敏感的眼周，有时也会同时出现两种类型的黑眼圈。首先，用右侧的方法确认自己的黑眼圈类型。

回顾眼周的特征

- 皮肤较薄
- 经常活动（负担较大）
- 容易干燥
- 容易出现皱纹

确认黑眼圈的方法

将下眼睑扯平

➡ **颜色变淡**
青色黑眼圈

➡ **颜色不变**
咖啡色黑眼圈

向上看

➡ **颜色变淡**
黑色黑眼圈

对策 ❶ 改善"青色黑眼圈"的正确护理方式

促进停滞的血液流通，重获明亮双眸

长期睡眠不足、过度使用电脑等眼睛疲劳的人容易出现由血液循环不良引发的黑眼圈。血液流通不畅，原本应该排出的老废物质则无法排出，透过皮肤能够看到血流停滞的血管，眼睛下方看起来就会变青。想要改善这一点，可以利用按摩手法让血液流通变得顺畅，促进老废物质的排出会更有效。虽然按摩眼周只会获得一时的效果，但也会立刻让眼睛看起来更加明亮。在每天的护肤中加入按摩护理，促进血液流通吧。

护理的关键

◯ 促进血液循环的按摩护理！

为了改善青色黑眼圈，可以在早晚的护肤步骤中加入按摩护理。在护肤的最后，按压眼睛下方的骨头和眉毛下方，促进停滞的血液流通，让眼睛看起来更明亮。使用含有咖啡因的眼霜，能够让血管扩张，促进老废物质排出。此外，为了缓解眼部疲劳，可以使用热毛巾进行温冷护理。只要每天坚持，就能够逐渐改善青色黑眼圈。

通过穴位按摩促进血液流通

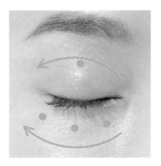

护理的注意点

眼睛周围十分敏感，在按摩时要注意不要过度用力。使用无名指的指腹，轻轻按压眼睛的上下，垂直施加压力。只要按压感觉舒适的部位就能够促进血液循环，缓解眼睛疲劳。

改善"咖啡色黑眼圈"的正确护理方式

针对色素沉着导致的咖啡色黑眼圈，美白护理最为有效

对于由摩擦、发炎、紫外线带来的损伤所引发的咖啡色黑眼圈来说，主要原因是慢性色素沉着。在卸妆时强烈摩擦眼部，或是受到大量紫外线照射，身体就会产生大量的黑色素来保护皮肤，如果这些黑色素无法排出，就会在眼周沉淀。对抗咖啡色黑眼圈，抑制炎症、促进黑色素排出的美白护理最为有效。使用眼周专用的美白化妆品，也能改善顽固的色素沉着。

护理的关键

○ 使用具有美白作用的眼霜！

针对因慢性色素沉着引发的咖啡色黑眼圈，进行美白护理最为有效。和色斑的护理相同，它需要促进黑色素的还原和排出，因此可以在护肤步骤中加入含有能够抑制炎症的美白成分的眼霜。咖啡色黑眼圈不仅会出现在眼睛下方，还会出现在眼皮上，所以眼部整体都要涂抹眼霜。特别是容易揉眼睛的患有花粉症的人群，以及会化眼妆的人群，眼部整体容易出现暗沉，应该使用具有美白作用的眼霜，认真护理。

用眼霜涂抹整个眼部

护理的注意点

因摩擦引发的咖啡色黑眼圈较多，注意不要揉擦眼周。卸眼妆时应该使用眼部卸妆产品轻柔地卸妆。保护皮肤不受紫外线的伤害也十分重要。不要忘记眼周的防晒护理。

对策 ③ 改善"黑色黑眼圈"的正确护理方式

给皮肤带来紧致感和弹力的护理，消除眼部阴影！

因为干燥和年龄的增长，真皮的成分衰退，皮肤的紧致感和弹力就会降低。皮肤较薄的眼周会更加容易受到这样的影响，导致眼部下方出现凹陷，而这样的阴影看起来就会像黑眼圈。针对黑色黑眼圈，进行防止干燥的保湿护理，以及提升紧致和弹力的抗衰老护理是比较有效的。为了不让眼睛下垂得更加严重，应该使用含有能够增强真皮层中的胶原蛋白的维生素 C 和视黄醇的眼霜，多多注意预防和改善。

护理的关键

◯ 使用能够让眼周焕发光泽的眼霜！

老化现象是指随着年龄的增长，皮肤失去紧致感和弹力，开始下陷，而黑色黑眼圈也是老化现象的一种表现。随着年龄的增长，任何人的眼部都会出现这种现象，尽早护理是关键。因此，推荐大家使用含有能够促进胶原蛋白生成、给皮肤带来弹性的维生素 C 和视黄醇的眼霜。但是，视黄醇的刺激性较强，只能涂抹眼部下方。越早采取应对黑色黑眼圈的对策越好。感到眼部下方有凹陷的话，就应该立即开始护理。

含视黄醇（维生素 A）的眼霜只能用在眼部下方！

护理的注意点

下垂较明显的皮肤的真皮层中的胶原纤维非常脆弱，容易被破坏。如果施加较大的压力，就无法生成正常的胶原蛋白，使得下垂更加严重。在涂抹眼霜时，注意不要用力过度，用轻柔的手法涂抹是最基本的要求。

有关黑眼圈的烦恼 Q&A

Q 即便看了以上内容也无法判断自己的黑眼圈类型该怎么办？

A 由于出现黑眼圈的原因很复杂，因此判断自己的黑眼圈的类型十分困难。如果知道了青色、咖啡色、黑色这三种黑眼圈分别容易出现在哪种脸型和皮肤上，就能知道黑眼圈的判断标准。首先，青色黑眼圈容易出现在皮肤白皙、肤质较薄的人的脸上。咖啡色黑眼圈容易出现在晒伤后的人的脸上。而眼睛较大、面部轮廓较深的人则容易出现黑色黑眼圈。以这些为参考，试着分辨自己的黑眼圈类型吧。

Q 对黑眼圈有效的保健品有哪些？

A 为了预防黑眼圈，可以摄取促进血液循环的铁和维生素 E。红肉和鱼肉中富含铁，杏仁中富含维生素 E。但是，已经出现黑眼圈或暗沉严重的人，可能会因缺铁而导致贫血。特别是同时出现头痛和体寒症状的人，应该考虑是否有贫血的倾向。已经出现贫血，应该服用保健品和内服药，或通过点滴补充铁，否则难以改善黑眼圈和暗沉。

Q 如果同时有两种类型的黑眼圈，应该如何消除？

A 睡眠不足或用眼过度会导致血液循环不良，由此引发的青色黑眼圈的颜色会时而加深，时而变浅。这是任何人都会出现的状况，可以在每天护肤时，用手按压穴位，促进血液流通。在此基础上，如有出现咖啡色黑眼圈的人，应该进行促进黑色素排出的美白护理。黑色黑眼圈较为明显的人，可以使用含有视黄醇的眼霜，提升眼部光泽。要有耐心地开展长期的眼部护理。

Q 如果想要进行医疗美容的话应该怎么办？

A 如果黑眼圈较深，也可以采取医疗美容的手段。针对色素沉着导致的咖啡色黑眼圈，可以采取美白剂或维生素 C 等的负离子导入。而皮肤较为干燥的话，可以使用胎盘素。这些手术虽然会让眼周立即变得明亮，但是并不具备持久性。针对因年龄增长出现的黑色黑眼圈，可以在凹陷明显的部位注射玻尿酸，获得年轻的眼周状态。并且，利用射频，从皮肤的深层处让皮肤恢复紧致感也十分有效。

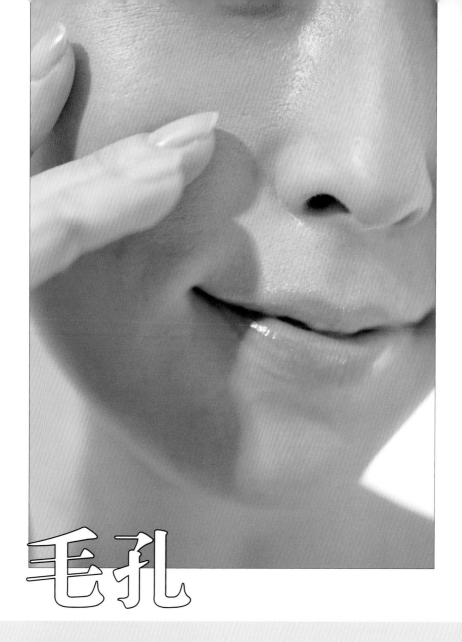

毛孔

现在就告别顽固的毛孔！

  毛孔粗大、黑头明显，有着这样的毛孔问题的人不在少数。但是，你真的了解为什么会出现毛孔问题吗？在这里，我们一边检验四种顽固的毛孔问题，一边来探讨正确的护理方式吧。

原因 为什么"毛孔"会如此明显？

明显的毛孔有四种类型

毛孔中分泌的皮脂能够保护我们的皮肤不受灰尘、细菌、干燥问题的伤害。毛孔原本就是存在于皮肤中的，无法消除，但是为什么会变得如此明显呢？毛孔明显的原因主要有四种：①皮脂分泌量过多，毛孔张开；②毛孔的皮脂氧化，发黑；③因年龄增长，皮肤下垂，毛孔明显；④皮肤因干燥而紧绷，毛孔周围出现阴影使得毛孔看起来发黑。那么，你究竟属于哪一种毛孔类型呢？

正常的毛孔

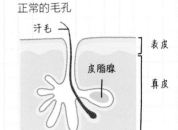

汗毛
皮脂腺
表皮
真皮

① 粗大毛孔

☐ 早晨起床时，皮肤发黏
☐ 皮肤容易出油
☐ 容易脱妆

② 黑头毛孔

☐ 皮肤不光滑
☐ 容易出现粉刺
☐ 经常不洗脸或不卸妆

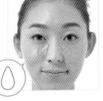

③ 带状毛孔

☐ 皮肤失去紧致和弹力
☐ 脸颊处的毛孔特别明显
☐ 年龄超过30岁

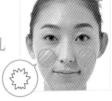

④ 干燥毛孔

☐ 洗脸后皮肤干燥
☐ 皮肤纹理较乱
☐ 与夏天相比，冬天时毛孔更加明显

对策 ① 改善"粗大毛孔"的正确护理方式

去除多余的皮脂，缩紧张开的毛孔

毛孔的深处有皮脂腺，会分泌皮脂。油性皮肤的人的皮脂腺较为发达，所以皮脂腺的出口很大，毛孔十分明显。虽然女性在20岁之后皮脂的分泌量会逐渐减少，但是鼻子周围的毛孔会容易张开，因此要以这个部位为中心，认真进行护理。在护理张开的毛孔时，为去除多余的皮脂，每天洗脸十分有效。毛孔已经十分粗大的人，应该进行去除角质的护理以促进胶原蛋白生成，让真皮再生。这样一来，就能够逐渐缩小毛孔。

护理的关键

- 改变洗脸方式
- 定期去角质
- 使用吸油纸

为了保护皮肤不干燥、不受细菌侵害，每天都有大量皮脂分泌，每天也要认真护理因皮脂而张开的毛孔。首先，重新审视自己的洗脸方式。使用能够去除皮脂的洗脸皂或洗面奶，早晚认真洗脸。并且，皮肤出现油光，毛孔也会更加明显，要经常使用吸油纸护理出油的皮肤。吸油纸能够去除多余的油脂，不仅能够防止脱妆，还能够抑制白天分泌的油脂氧化。在张开的毛孔日趋严重时应该去除角质，使用能够温和去除多余角质的含有果酸成分的洗面奶或美容液护理皮肤，这样真皮层就会变厚，毛孔也会逐渐缩小。只要每天坚持进行正确的护理，就能够改善张开的毛孔。

改善"黑头毛孔"的正确护理方式

不要强行去除黑头，要从身体内部开始护理

从毛孔中分泌的皮脂接触空气后会发生氧化反应，变成棕色且发硬。这样的皮脂和灰尘或彩妆等污垢混合后不断在毛孔中堆积，逐渐扩大毛孔，这就是黑头毛孔的原形。为了改善毛孔中的黑头，首先应该避免皮脂和污垢的堆积。可以改变洗脸方式，使用皮脂吸附效果较好的黏土面膜或含有酵素的面膜。并且，多摄取含有维生素 B_2、维生素 B_6 等成分的食材，从而提升脂质代谢，从身体内部护理。能够防止氧化的维生素 C 对于去除黑头也十分有效。脂质的代谢会随着年龄增长而逐渐降低，30 岁之后应该积极摄取维生素。

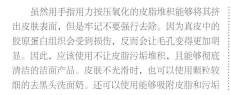

护理的关键

- ⭕ 改变洗脸方式
- ⭕ 使用酵素或黏土面膜
- ⭕ 去角质
- ⭕ 摄取维生素 B_2、维生素 B_6、维生素 C

虽然用手指用力按压氧化的皮脂堆积能够将其挤出皮肤表面，但是牢记不要强行去除。因为真皮中的胶原蛋白组织会受到损伤，反而会让毛孔变得更加明显。因此，应该使用不让皮脂污垢堆积，且能够彻底清洁的洁面产品。皮肤不光滑时，也可以使用颗粒较细的去黑头洗面奶。还可以使用能够吸附皮脂和污垢的黏土或酵素面膜，去角质产品也十分值得推荐。并且，30 岁之后，皮脂量会逐渐下降，脂质的代谢也会降低，皮脂会容易堆积，这也会增加黑头。应该积极摄取含有维生素 B_2、维生素 B_6 的猪肉或黄绿色蔬菜等食物。和具有高抗氧化效果的维生素 C 一同摄取时，效果会更好。

对策 ❸ 改善"带状毛孔"的正确护理方式

因带状毛孔"无法恢复原状",所以要防止症状加剧

随着年龄增长,真皮层中的胶原蛋白和弹性蛋白会减少,皮肤也会失去紧致和弹力。由于无法抵抗重力,毛孔的周围会变松,变成泪滴形的老化毛孔。这类松弛的毛孔会出现在脸颊上,而这也是衰老的初期变化。毛孔一旦下垂就无法恢复原状,因此要防止这样的症状进一步加剧。为了去除随着年龄增长而很难去掉的多余角质,促进皮下组织再生,可以在护肤中加入去角质的步骤。使用含有能够促进新陈代谢的视黄醇的美容液也十分有效。如果出现了老化毛孔,那么就是应该开始进行抗衰老护理的时候了,一定要采取正确的护肤方式!

护理的关键

- ◯ 通过去角质促进新陈代谢
- ◯ 避免过度按摩
- ◯ 使用含有视黄醇的美容液
- ◯ 摄取维生素 C

带状毛孔也是衰老的初期表现。首先,要提高随着年龄增长而变得缓慢的新陈代谢,提升皮下组织的生成量,并在日常护理中进行去角质。30岁之后可以在美容院定期进行去角质护理,也可以使用含有能够增加胶原蛋白的视黄醇美容液。还要充分摄取抗氧化效果好、促进胶原蛋白生成的维生素 C。维生素 C 不仅能够为皮肤带来紧致和弹力,还能够减轻色斑和暗沉,帮助身体从内部进行抗衰老护理。而且,让淋巴液流动状态变好、提升代谢的按摩对于毛孔护理也十分有效。但是过度用力的强力按摩反而会让毛孔问题加剧,在按摩时要十分注意。

对策 ④ 改善"干燥毛孔"的正确护理方式

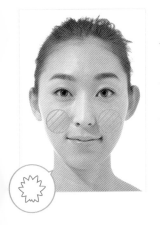

只要护理就能立即改善

干燥毛孔是由角质层的水分不足引起的。角质层缺少水分的话，皮肤表面就会出现较多细纹，纹理较乱，毛孔的周围凹陷。这个凹陷如同阴影，毛孔看起来就会发黑。缺乏护理或在意毛孔污垢而过度洁面的人的脸上会容易出现干燥毛孔。首先，应该使用不会过度去除皮脂的洁面产品。洁面后使用化妆水，充分补充水分，然后使用乳液和面霜，补充油分，防止水分流出。只要坚持正确的保湿护理，就能够改善干燥毛孔。这些方法还能够调整皮肤纹理，皮肤也会看起来越来越好。

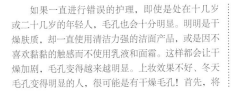

护理的关键

- ○ 改变洗脸方式
- ○ 避免错误的护肤方式
- ○ 采取正确的保湿护理

如果一直进行错误的护理，即使是处在十几岁或二十几岁的年轻人，毛孔也会十分明显。明明是干燥肤质，却一直使用清洁力强的洁面产品，或是因不喜欢黏黏的触感而不使用乳液和面霜。这样都会让干燥加剧，毛孔变得越来越明显。上妆效果不好、冬天毛孔变得明显的人，很可能是有干燥毛孔！首先，将洁面产品替换成不会过度去除皮脂的类型。同时，使用含有神经酰胺和玻尿酸的化妆水和美容液，给角质层补充充足的水分，然后再使用乳液或面霜。特别是容易干燥的脸颊处的毛孔较为明显，应该调整皮肤纹理，缩小毛孔。只要进行正确的保湿护理就能够改善毛孔干燥！

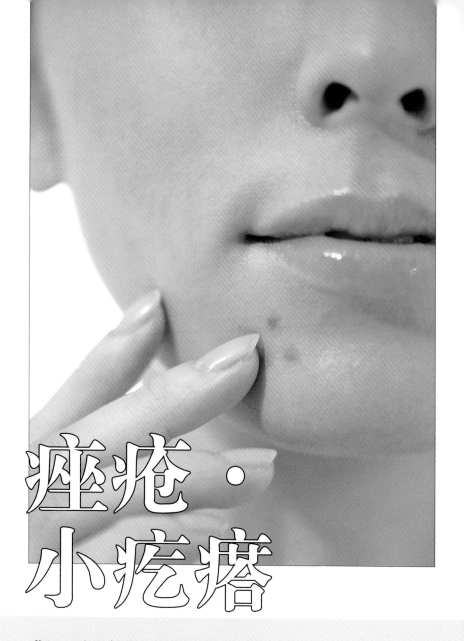

痤疮・小疙瘩

进行正确的护理，就不会出现痤疮！

　　皮脂量增多并不是出现痤疮的唯一原因。睡眠不足、压力、饮食方式也有很大影响。成年后，痤疮难以治愈，会留下疤痕，更要注意预防痤疮。出现痤疮后要进行适当的护理来防止痤疮恶化。

原因

为何会出现痤疮·小疙瘩？

原因就在于角质、皮脂，以及疮疱丙酸杆菌

除皮脂分泌旺盛的青春期外，人们成年后也会患有痤疮。那么，为什么会出现痤疮呢？首先，角质堆积会堵塞毛孔，原本应该排出的皮脂就会堆积在毛孔中，使疮疱丙酸杆菌过度繁殖，形成痤疮。具备角质堆积、皮脂过剩、疮疱丙酸杆菌这三种条件后才会出现痤疮。痤疮和小疙瘩基本上是相同的，但是出现的原因却各有不同。根据不同症状，痤疮分为白头粉刺、黑头粉刺、囊肿型痤疮、脓包型痤疮这四种。在147页中会介绍针对不同症状的护理方法。

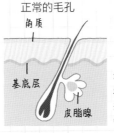

正常的毛孔

角质

基底层

皮脂腺

正常的毛孔具有皮脂通道，能够将皮脂排出到皮肤表面，成为皮脂膜守护皮肤。

痤疮的初期阶段

角质肥厚

基底层

皮脂腺

角质堵塞毛孔、皮脂堆积、疮疱丙酸杆菌繁殖时，毛孔中产生炎症。

年轻时为何容易出现痤疮？

由于痤疮很容易受到皮脂量的影响，皮脂量增多，就会容易出现痤疮。并且，因为疮疱丙酸杆菌是以皮脂为营养源而不断增殖的，因此在皮脂分泌旺盛的青春期，疮疱丙酸杆菌也会增多，因此特别容易出现痤疮。在皮脂量较多的面部中间、T区、发际线处会比较容易出现痤疮。

成年后产生的痤疮和年轻时（10～20岁）产生的痤疮有何不同？

与年轻时因皮脂量增多而引发的痤疮不同，成年人的痤疮是由皮脂代谢下降所引发的。随着年龄的增长，皮脂量也会逐渐下降，脂质代谢能力也会逐渐下降，皮脂易于堆积，从而产生痤疮。这类痤疮经常出现在嘴部周围或面部轮廓线，难治愈、易留痕是其主要特征。

出现痤疮和小疙瘩的主要原因

压力

男性激素会增加皮脂量？！

感受到压力时，身体会分泌大量雄激素。这种雄激素会促进皮脂的分泌，使皮脂量增多从而形成痤疮。

干燥

干燥也会引发过量的皮脂分泌

皮肤具有感知机能，如果缺乏皮脂，皮肤能够有所感知，从而让皮脂大量分泌。过剩的皮脂也会引发痤疮。皮肤明明很干燥，但是却有油光也是这个原因。

过度清洁

因洗脸而让皮肤干燥也会让皮脂的分泌量增多？！

如果在洗脸时过度去除皮脂，和上述的干燥状态时一样，皮肤会认为皮脂量不足，可能会分泌出超过所需量的皮脂。在选择洁面产品和卸妆时要注意这一点。

饮食生活的不规律

甜食会促进皮脂分泌

香辛料、咖啡因等刺激性物质，以及巧克力、砂糖等甜食也会促进皮脂分泌。用甜点代替主食的人要注意这一点。

缺乏维生素 B_2、维生素 B_6

脂质代谢下降

维生素 B_2、维生素 B_6 具有促进脂质代谢、控制皮脂分泌的作用。缺乏维生素 B_2、维生素 B_6，皮脂会分泌过剩，堆积在毛孔里，这也是产生痤疮的原因。

了解自身痤疮的状态

白色痤疮·黑色痤疮

毛孔堵塞、皮脂堆积，是痤疮的初期阶段

如果角质堆积到堵塞毛孔的程度，皮脂会堆积在毛孔的内部，痤疮丙酸杆菌增殖，皮肤表面会出现小疙瘩，就是白色痤疮。白色痤疮并不是由毛孔中的炎症引发的，不会疼痛。这种白色痤疮与绒毛和污垢混合，皮脂会发生氧化反应，成为黑色痤疮。黑色痤疮也并非由炎症引发的痤疮，也不会感到疼痛。

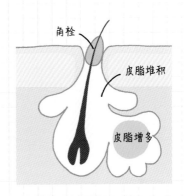

角栓

皮脂堆积

皮脂增多

红色痤疮

产生炎症后，毛孔周围会出现红肿的红色痤疮

在毛孔中增殖的痤疮丙酸杆菌引发炎症后，就会出现伴有肿痛的红色痤疮。这是身体的免疫反应在起作用，产生炎症的毛孔内部或周围会聚集白细胞，与痤疮丙酸杆菌战斗。如果强行破坏或摩擦这种红色痤疮，有可能会导致炎症扩大，成为深深的痤疮印。最重要的是不要触碰红色痤疮，防止恶化。

痤疮丙酸杆菌增殖

黄色痤疮

黄色痤疮是与炎症战斗的白细胞的残骸

与痤疮丙酸杆菌战斗的白细胞的残骸会变成黄色，像脓一样，这就是黄色痤疮。痤疮是出现在表皮的皮脂腺上的物质，随着炎症加剧，会变成名为脓疱、具有脓的黄色痤疮。炎症严重的黄色痤疮会破坏毛孔壁，会在真皮层形成凹陷的痤疮疤。为了防止这种情况发生，应该在每天护理中保持皮肤的清洁。

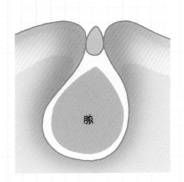

脓

对策 ① 根据痤疮的状态调整护肤方式

白色痤疮

使用具有去角质功能的洁面产品，保持皮肤的清洁

如果出现白色痤疮，为了防止疱疱丙酸杆菌增殖，需要保持皮肤的清洁。具有去角质功能的洁面产品能够温和地去除角质，让毛孔变得干净通透。如果皮肤较为干燥，可以只在有痤疮的部位放上泡沫，然后用清水冲洗。

黑色痤疮

预防氧化，使用含有维生素 C 的化妆品

黑色痤疮的护理方式基本和白色痤疮一样。黑色痤疮是由皮肤氧化所引起的，使用含有抗氧化功能的维生素 C 的化妆品会有良好的效果。维生素 C 具有抑制皮脂分泌，收缩毛孔的作用，也十分适合痤疮印迹的护理。坚持使用能够抑制痤疮的出现，获得光滑的皮肤。

红色痤疮

在出现红色痤疮期间应该停止化妆

红色痤疮是由炎症所引发的，应该竭力避免刺激皮肤，防止痤疮恶化。疱疱丙酸杆菌不喜欢接触空气，因此在出现红色痤疮期间尽量不要使用粉底。不使用粉底能够省去卸妆的步骤，也能够避免刺激皮肤。炎症较为严重时，应该立刻去皮肤科就诊。

黄色痤疮

根据不同的症状，选择不会留下印记的护肤方式

出现黄色痤疮时应该采取和红色痤疮一样的护肤方式。出现脓后，就开始不留下痤疮痕迹的护肤吧。为了防止因色素沉积而产生的痤疮印迹应该采取美白护理。针对稍微凹下去的印迹应该使用能够去角质，以及含有视黄醇的化妆品来逐渐改善。但是，凹陷较深的痤疮印迹无法通过护肤来改善，应该选择借助医疗美容的力量。

一些需要注意的事项

◯ **获得充足的睡眠**
◯ **不触摸面部**
◯ **头发不要触及面部**
◯ **适当缓解压力**

出现痤疮的部位容易遭受细菌入侵，尽量不要触摸这些部位，同时也要避免头发触及这些部位。睡眠不足、压力过大都会促进皮脂分泌。为了防止痤疮变得更加严重，改变日常的生活习惯也十分重要。

对策 ② 痤疮的预防和对策

◯ 磨砂膏和去角质产品

简单、有效的对策就是使用磨砂膏和去角质产品。颗粒细小的磨砂膏能够温和地去除角质，让皮肤变得光滑。随着年龄增长，角质容易堆积，应该在日常的护肤中使用具有角质护理功能的化妆品。这样不仅能够预防痤疮产生，也能够改善皮肤的新陈代谢。

◯ 重新审视洁面方式

容易出现痤疮的人原本就有数量过多的疮疱丙酸杆菌。为了防止疮疱丙酸杆菌过度繁殖，应该通过洗脸来保持皮肤的清洁。选择一款合适的洁面产品，认真地清洁面部。对皮脂分泌过多的 T 区和发际线处需要特别认真对待。应该认真冲洗，以防洁面产品残留。

◯ 摄取含维生素 B_2、维生素 B_6 的保健品

为了预防痤疮，可以摄取含有维生素 B_2 和维生素 B_6 的复合维生素。维生素 B_2 和维生素 B_6 能够促进脂质代谢、提升免疫力、防止皮肤干燥。这些维生素能够提升因年龄增长而逐渐下降的代谢速度，抑制皮脂分泌。保健品的效果需要经过一段时间才能体现出来，应该坚持每天摄取。

◯ 使用含有硫黄和酒精的专门化妆品

硫黄具有杀菌以及让角质变得柔软的作用。而酒精能有效去除多余油脂。在日常的护肤中应该加入含有硫黄和酒精的产品。这些产品对已经产生的痤疮也有较好的抑制效果，能够强力去除皮脂，只能使用在出现痤疮的部位。用化妆棉或棉棒蘸取，涂抹时注意不要刺激皮肤。

> **常识！**
>
> ### 如何应对生理期前出现的痤疮？
>
> 因激素的关系，生理期前会大量分泌皮脂。下巴和面部轮廓处会容易出现痤疮。如果发现痤疮，也不要感到有压力，注意不要触碰痤疮。平时就要注意摄取含有与脂质代谢相关的维生素 B_2、维生素 B_6、维生素 B_{12}，以及维生素 C、维生素 E 的食材，或是摄取含复合维生素的保健品。痤疮严重的人，应该及时去皮肤科就诊。

149

对策 ❸ 通过饮食抑制皮脂分泌

□ 摄取维生素

OK

- ◎ 黄绿色蔬菜
- ◎ 膳食纤维
- ◎ 水果（维生素C）
- ◎ 鳗鱼
- ◎ 南瓜
- ◎ 纳豆

借助食材的力量抑制皮脂分泌

纳豆和肝脏类食物中所含有的维生素B₂，能够促进脂质的代谢，提升免疫力，其美肤效果也十分出色。南瓜中含有的类胡萝卜素（维生素A）能够在体内转化成调节新陈代谢、抑制皮脂分泌的视黄醇。而维生素C和维生素E对防止皮脂氧化十分有效。了解各类食材的作用，就能够通过饮食来抑制皮脂分泌。

□ 减少摄取刺激性食物和油脂较多的食物

NG

- ✕ 咖啡因（咖啡）
- ✕ 巧克力
- ✕ 辛辣食物
- ✕ 鲜奶油
- ✕ 白砂糖
- ✕ 脂肪较多的食物

刺激性食物和甜食会提高皮脂的分泌量

食材中也有促进皮脂分泌的种类。例如，辛辣的香辛料和咖啡因。这些食物会刺激肠胃，会让已经出现的痤疮恶化。脂肪较多的鲜奶油、巧克力、蛋糕等甜食会促进皮脂分泌。容易出现痤疮的人请减少摄取这类食物。改善饮食方式是治疗痤疮的重要方法。

如何治疗痤疮印？

痤疮印迹① 色素沉着

因色素沉着产生的痤疮印可以通过美白护理来排出黑色素

患有炎症的痤疮部位会引发黑色素，留下浅棕色的、像色斑一样的痤疮印。这是因色素沉着所产生的，每天使用含有美白成分的化妆品，这些印迹就会逐渐变淡。也推荐大家使用含有具有高抗炎症作用和能够抑制黑色素生成的维生素 C 的化妆品。维生素 C 也具有抑制皮脂的作用，在美白和预防痤疮领域有着重要的地位。

痤疮印迹② 月球表面状

恶化时，应该及早就医治疗

如果是稍微凹陷的痤疮印，只要进行去角质护理就能够促进真皮成分的生成，并逐渐得到改善。在此基础上，在日常护肤中还应该使用含有能够促进新陈代谢、增强皮肤弹性的视黄醇的化妆品。但是，已经到达真皮层的月球表面状的痤疮印单靠皮肤护理是难以去除的。应该去医院采取化学去角质护理或是激光治疗，从而提升皮肤的再生能力。

常识!

医院的治疗方法有哪些？

如果痤疮状况变得严重，应该立即去医院就诊。针对已经红肿的痤疮，医院会提供内服药和外用药。而针对没有炎症的白色痤疮和已经有炎症的黄色痤疮会进行压出治疗，先在痤疮的顶部打开一个小洞，然后用专门的工具取出毛孔中的物质。针对月球表面状的痤疮印，医师会使用有大量极细的针的滚轮，在皮肤表面留下无数的创口，从而促进胶原蛋白的生成和提高皮肤的再生能力，这样就能够逐渐改善痤疮印。

痤疮印很难改善！因此预防痤疮很关键。

下垂

告别面部老化！现在开始进行下垂护理

随着年龄增长，"下垂"也会加速。法令纹和眼周深深的皱纹，以及面部轮廓线的松弛下垂是让你看起来衰老的元凶！但是，下垂一旦出现，皮肤就无法恢复如初，因此，应该尽早开始进行针对下垂的护理。正确的护理方式，能够帮助你告别面部老化。

为什么会引起"下垂"?

下垂就是在失去弹性的皮肤上发生的老化现象

皮肤失去弹性后，就会出现让面部看起来迅速衰老的"下垂"。引起下垂的原因主要有三个：第一，真皮层中纤维芽细胞的生成能力低下，导致产生的胶原蛋白和弹性蛋白等构建真皮基质膜的成分量有所减少，皮肤从而失去弹性；第二，因年龄增长，真皮和表皮的连接变弱，皮肤就会无法抵抗重力，导致皮肤下垂；第三，肌肉量减少。和身体一样，面部的肌肉量也会随年龄增长而减少，没有足够的肌肉量支撑面部，法令纹等皱纹也会看起来更加明显。出现下垂的方式还会因面部的特征和骨骼而有所不同。在下一页中会介绍针对不同下垂方式的应对方法。

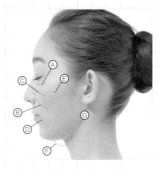

Ⓐ 眼睛下方

Ⓑ 法令纹

Ⓒ 泪痕

Ⓓ 木偶纹

Ⓔ 毛孔

Ⓕ 双下巴

Ⓖ 面部轮廓线

下垂原因

☐ 干燥

☐ 年龄增长（衰老）

☐ 重力

☐ 紫外线

☐ 过度减肥

☐ 表情习惯或咀嚼习惯

☐ 使用按摩器时用力过度（过度使用按摩器）

对策 ①

原因 ①
"胶原蛋白和弹性蛋白量减少"

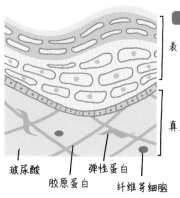

表皮

真皮

玻尿酸　胶原蛋白　弹性蛋白　纤维芽细胞

眼部皱纹、嘴部皱纹、颈纹、带状毛孔

随着年龄增长，真皮层中的纤维芽细胞的生成量会逐渐减少，胶原蛋白和弹性蛋白的绝对量也会减少。这样一来，皮肤会失去弹性，皱纹和下垂也会变得更加明显。下垂的初期症状就是带状毛孔。下垂一旦出现，就无法恢复原状。如果在脸颊处发现眼泪形状的毛孔，要立即开始进行去角质护理，让纤维芽细胞变得更加活跃。对抗下垂（即抗衰老对策）预防至关重要。

护理的关键

○ 通过去角质提升皮肤的再生能力

去角质护理是通过酸等去除皮肤表面的角质，促进新陈代谢，以此让纤维芽细胞变得活跃。定期进行去角质护理，能够增加胶原蛋白生成量，改善和预防下垂。随着年龄增长，新陈代谢的周期会变长，角质变厚，弹性、紧致感和透明感都会随之降低。到了30岁，为了让皮肤更好地再生，应该定期进行去角质护理。

➡ 详见 P25

想通过医疗美容改善下垂应该如何做？

医疗美容中有多种能够改善下垂的方式。可以在法令纹等凹陷的部位注射玻尿酸，从皮肤内部进行填充。为了促进胶原蛋白的生成，会使用高周波或激光给皮肤造成一定程度的损伤，从而促进皮肤重新构建真皮层。但是这些医疗手段的效果并不是永久的，最重要的还是日常的皮肤护理。

➡ 详见 P204

30岁后，应该在日常的护肤步骤中加入预防下垂的护理。

对策②

"真皮和表皮的连接变得松弛"

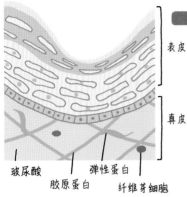

玻尿酸　胶原蛋白　弹性蛋白　纤维芽细胞

表皮

真皮

 法令纹、木偶纹、泪沟、颈纹、眼袋

皮肤由负责提供弹性的真皮，以及保持皮肤湿润的表皮构成。如果真皮和表皮的连接变弱，皮肤就会因重力而向下垂。特别是皮肤较薄的眼周会更加容易下垂，眼睛下方会出现被称为泪沟的深深的皱纹，以及由下垂引发的眼袋。为了不让这些症状变得严重，应该使用含有视黄醇和胶原蛋白的化妆品，进行恢复皮肤弹性和湿润的护理。

护理的关键

○ 使用含有视黄醇和胶原蛋白的化妆品

在进行下垂护理时，推荐大家使用含有能够促进胶原蛋白生成的视黄醇的化妆品。含有胶原蛋白的化妆品的保湿能力较高，会让皮肤暂时具有弹性，因此在预防皱纹方面具有一定作用。年龄的增长是引发下垂的主要因素，使用含有高抗氧化能力的维生素C、多酚，以及能够促进血液流通的维生素E等成分的化妆品也十分有效。

泪沟和木偶纹
是什么？

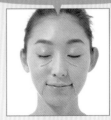

从眼睛下方到脸颊处，呈倾斜走向的就是泪沟。如果这个皱纹较深、较长，面部整体看起来就会表现为下垂。木偶纹是从嘴角处向下方延伸的皱纹。这个皱纹会让面部显老。这二者都是因表情肌肉的减少而产生的下垂，也是象征衰老的皱纹。

在进行抗下垂护理时，也要同时针对皱纹和弹性不足进行护理。

对策 ③

原因 ③
"肌肉量减少"

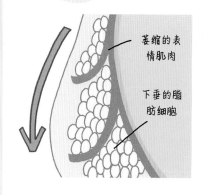

萎缩的表情肌肉

下垂的脂肪细胞

法令纹、木偶纹、泪沟、颈纹、双下巴

皮肤不仅由真皮层支撑，也由肌肉支撑，但随着年龄的增长，肌肉量逐渐减少，因此会加速下垂。特别容易下垂的部位就是脸颊。圆脸的人或脸颊面积较大的人的脸颊会容易下垂，法令纹也更加明显。并且，也需要注意脂肪的质和量。脂肪柔软的人或脂肪量较多的人容易出现双下巴。为了改善这种类型的下垂，定期进行表情肌肉的训练或促进血液循环的淋巴按摩则十分有效。

护理的关键

○ 表情肌肉的训练，淋巴按摩

为了重新提高肌肉量，进行表情肌肉的训练十分有效。张大嘴，瞪大眼睛，锻炼平常不常使用的肌肉，能够提升肌肉的能力。脂肪较多的面部轮廓线容易浮肿，老废物质堆积也会容易造成下垂。在护肤时进行按摩能够让淋巴的流动状态变得更好，同时促进血液循环，让面部轮廓线变得更加流畅。

干燥是下垂的原因？

真皮层的衰老是产生下垂的主要原因。干燥（即表皮不够湿润）也会造成下垂。足够湿润的皮肤会具有弹性。但是，如果保水能力下降，皮肤就会萎缩，失去弹性。这种暂时的下垂也会出现在年轻人脸上。由于这种下垂是因干燥而引发的，所以只要认真进行保湿护理，就能够很快改善。

脸形偏圆、脂肪较多的人要特别注意！

为什么会引发"浮肿"?

容易浮肿的部位是眼周和
面部轮廓线！

摄取过多盐分、水分和酒精，细胞间的水分就会从毛
细血管中渗出，引发浮肿。此外，血液通过动脉从心脏输
送到身体各个地方，但是，随着年龄的增长，心脏的泵血
功能会逐渐减弱，血液流通也会变得不畅，身体容易浮肿。
特别是眼周部位，因为眼周的皮肤较薄，骨骼的周围有空
隙，所以这里也比较容易堆积水分。

原因和对策

①

 水分流到血管外
（盐分和酒精的摄取过度）

对策
● 摄取钾
● 用温和冷的毛巾
　促进血液循环
● 使用浴缸泡澡

盐分具有从血管中汲取水分的性质。
因此，吃盐分过量的食物或是摄取酒精的
话，就会导致水分堆积，引发浮肿。这
时，摄取能够促使盐分和尿液一同排出的
钾会十分有效。西瓜和香蕉中含有大量的
钾，可以在早餐中加入这类水果。如果早
上起床时发现浮肿，可以使用温和冷的毛
巾交替擦拭面部，或是早上使用浴缸泡
澡，促进全身的血液循环，这样也能够有
效缓解浮肿。

②

 **心脏的泵血功能
减弱**
（动脉和静脉的力量减弱）

对策
● 增强肌肉，
　打造好身体

随着年龄的增长，从心脏送出的血液
再回到心脏的泵血机能会逐渐减弱。这样
一来，血液的流通就会变差，手、脚、面
部等身体的末梢部位就会变得容易浮肿。
与男性相比肌肉量较少的女性，更加容易
浮肿。运动不足的人可以考虑通过散步来
增加肌肉。增强体能够调动全身肌肉的
泵血机能，使血液循环变得更好，从而达
到改善浮肿的目的。

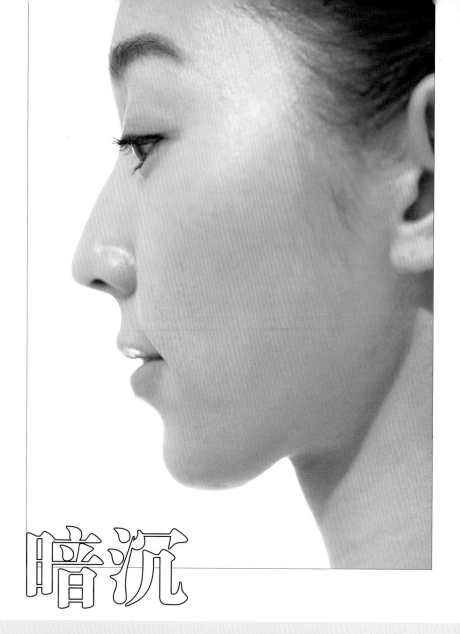

暗沉

四种对抗暗沉的对策，助你重获皮肤透明感

　　具有透明感的皮肤看起来也会十分干净。如果现在你感到皮肤有些暗沉，或许是因为你的护肤方式出现了问题。造成暗沉的原因主要有四个，针对每种原因的处理方法也有所不同。只要开始正确的护理，就能够让皮肤重获透明感。

为什么会引起"暗沉"？

暗沉的原因主要有四个

肤色变得不太明亮就是"暗沉"。暗沉主要是由下列情况造成的：①老废角质在皮肤上堆积，形成带有棕色的灰色暗沉；②因紫外线或炎症引发黑色素增加而造成的暗沉；③睡眠不足或体寒引起的血液流通不畅，皮肤看起来呈现苍白的暗沉；④因干燥导致的角质层变厚所引发的暗沉。像这样，引发暗沉的原因有很多。针对不同原因采取的对策也有所不同。首先需要了解自身的暗沉属于哪一种类型。

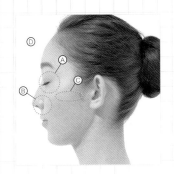

Ⓐ 眼睛周围
Ⓑ 鼻翼周围
Ⓒ 脸颊较高处
Ⓓ 面部整体

原因 ①
● "角质堆积"

☐ 感觉皮肤有些发硬
☐ 痤疮和小疹子难以治愈
☐ 年龄在30岁以上

原因 ②
● "黑色素沉积"

☐ 年轻时受到大量紫外线照射
☐ 洗脸时过度用力
☐ 年龄在40岁以上

原因 ③
● "血液循环不良"

☐ 工作较忙，无法保证充足的睡眠时间
☐ 喜欢冲澡
☐ 几乎不运动

原因 ④
● "干燥"

☐ 洗脸后皮肤紧绷
☐ 皮肤看起来有很多小细纹
☐ 容易出现皮肤问题

对策 ①

"角质堆积"

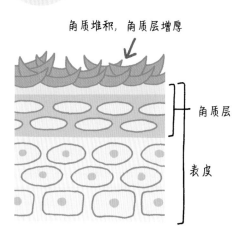

角质堆积，角质层增厚

角质层

表皮

多余角质堆积，导致皮肤透明度下降

原本能够自行剥落的老废角质不断堆积的话，就会导致角质变厚，皮肤的透明度也会不断下降。角质变厚，皮肤看起来就会呈现出带有棕色的灰色。角质堆积之所以能造成暗沉是因为新陈代谢的低下。可以使用去角质产品，去除老废角质。30岁之后，新陈代谢较慢，容易出现角质肥厚的问题。此时应该使用含有视黄醇的化妆品来促进新陈代谢。

护理的关键

- ○ 使用去角质产品
- ○ 通过视黄醇来促进新陈代谢

去角质产品能够去除老废角质，促进新陈代谢，让皮肤重获新生。如果想要在日常护理中加入去角质的护理，可以使用含有果酸或酵素的洁面产品，或是使用含有去除角质成分的美容液。30岁以后，可以通过使用乙醇酸或水杨酸来溶出角质，或是到美容诊所定期进行化学去角质护理。去除了不必要角质的皮肤能够更好地吸收化妆品，也更能够感受到护肤的效果。使用磨砂膏来去角质的话，应该选择颗粒较细的产品，轻柔地护理。选择含有能够提升代谢的视黄醇的化妆品，能够促进新陈代谢，有效改善暗沉。

常识！

吸烟也会让皮肤暗沉！

吸烟会让毛细血管收缩，皮肤无法获得氧气和营养，引发血液循环不畅。血液流通不畅的皮肤会逐渐失去透明感。并且，每次吸烟时，体内能够抑制活性氧的维生素C会被大量消耗。于是，皮肤的新陈代谢和胶原蛋白的生成就会受到阻碍，从而引发皱纹、下垂、色斑等皮肤问题。如果想要拥有健康的皮肤，就应该停止吸烟。

对策 ②

原因 ②

"黑色素沉积"

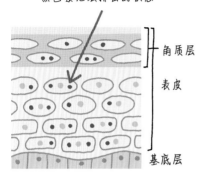

黑色素无法排出的状态

角质层
表皮
基底层

护理的关键

无法排出的黑色素会滞留在皮肤中，让皮肤看起来暗沉

年轻时频繁受到紫外线照射的人，或是在护肤时用力过度的人，容易出现黑色素沉积的问题。为了保护皮肤不受紫外线和摩擦伤害，黑色素会大量生成，如果无法排出，就会导致皮肤暗沉。针对这类暗沉，进行能够促进黑色素排出、抑制黑色素生成的美白护理十分有效。只要在日常护理中尽量做到不用力摩擦皮肤，就能够逐渐让皮肤重获透明感。

○ **通过美白护理获得洁净皮肤**

➡ **详见 P166**

对策 ③

原因 ③

"血液循环不畅"

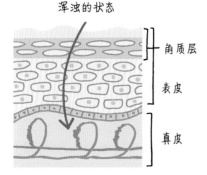

血液循环不畅，血色呈浑浊的状态

角质层
表皮
真皮

护理的关键

血液循环不畅，面部呈现静脉的颜色——青色

因睡眠不足、体寒、运动不足等导致血液循环不良时，会导致静脉血液流通不畅，血量会增多。静脉看起来呈青色，皮肤看起来也会呈现青色。原本黑色素较少的皮肤白皙的人也要注意青色的黑眼圈。血液循环不畅可以通过按摩和运动来改善。也可以使用含有维生素 E 和碳酸的化妆品来促进血液循环。

○ **通过按摩获得活力肌肤**

➡ **详见 P102**

对策 ④

原因 ④
"干燥"

表面的角质呈杂乱状态

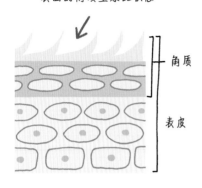

角质

表皮

肌理杂乱，光泽度和
透明感都下降

　　干燥引发的暗沉是由保水能力低下所引起的。失去水润的皮肤，其表面的肌理也会十分杂乱。这样一来，照射到皮肤表面的光无法很好地反射，导致光泽度降低，肤色看起来也会暗沉。这类暗沉皮肤的毛孔也十分明显，应该进行保湿护理，让皮肤的肌理变得更加细致，获得明亮皮肤。针对容易干燥的脸颊处，应该使用能够立即看到效果的乳液面膜。

护理的关键

○ 通过保湿护理让皮肤更加明亮

➡ 详见 P78

原因

针对皮肤暗沉的第五个原因——
"糖化"，我们只需预防！

　　糖化是指体内的蛋白质和糖结合，并产生名为 AGEs（糖基化终末产物）的老化物质的现象。糖化能够让胶原蛋白纤维失去弹性，导致皮肤的紧致度和弹力下降，下垂和法令纹也会变得更加明显。并且，糖化生成物为褐色，随着糖化进程的加剧，皮肤会呈现黄色。这个糖基化终末产物一旦产生就无法被分解，会在体内堆积，所以预防至关重要！适度运动，摄取不会提升血糖值的食物，以及使用能够应对糖化的化妆品，积极进行相关的预防护理。

女性贫血问题

七成女性是"隐性贫血"！

　　近年来，日本女性的能量摄入量持续下降，在日本国民健康营养调查中，必需营养素不足这一现象也十分明显。其中，铁为每年的重点调查对象。女性在每个月的月经期会有约45 mL的出血量，并伴随着22.5 mg的铁流失。此外，从汗液、尿液、便中也会流失0.5～1 mg的铁。如果不有意识地摄取铁，女性不知不觉间就可能会患有贫血。月经正常的女性每天需要摄取10.5 mg的铁，但调查显示，20～40岁女性对铁的平均摄取量为6.6 mg。同时可以明显看到，能够表示体内铁含量的铁蛋白的值也比较低。如果考虑妊娠，铁蛋白的值需要维持在50 ng/mL，而70%的20～30岁女性的铁蛋白在20 ng/mL以下。

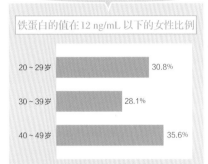

每三位女性中就有一位缺铁！

铁蛋白的值在12 ng/mL 以下的女性比例

20～29岁	30.8%
30～39岁	28.1%
40～49岁	35.6%

　　为了让血液中的血红蛋白维持一定的数值，需要由铁蛋白来补充。如果想要检查是否贫血，那么也一定要检查铁蛋白。其值低于12 ng/mL 时需要服用补铁药剂。而大约30% 的女性需要补充。

*国民健康营养调查（2012年）

贫血检测

- ☐ 容易疲劳
- ☐ 指甲脆弱，易劈
- ☐ 浮肿
- ☐ 头痛
- ☐ 寒冷时也喜欢吃冰激凌
- ☐ 不化妆时脸色较差

- ☐ 心悸、气喘
- ☐ 眼睛下方的眼袋明显
- ☐ 体寒
- ☐ 没有食欲
- ☐ 容易低落
- ☐ 经常不吃早饭

163

贫血的四种类型

缺铁性贫血

处于经期的女性容易患有的贫血

因体内铁不足，无法产生充足的血红蛋白而引起的贫血。多见于年轻女性，主要原因为从饮食中无法摄取充足的铁，以及月经产生的出血造成铁的流失。月经期的出血量因人而异，即便有意识地摄取铁，也会有铁不足的现象发生。

恶性贫血
（维生素 B_{12} 缺乏症）

因蛋白质摄取不足引发的贫血，素食主义者需要注意

除铁以外，蛋白质、叶酸、维生素 B_{12} 都是血红蛋白的原材料。这些物质的不足会引发体内产生巨大且易损坏的红细胞，从而引发巨幼细胞性贫血。但蔬菜、水果等植物性食品中并不含有维生素 B_{12}，这一点需要注意。

缺锌性贫血

构成红细胞的锌的不足所引发的贫血

大量的调查报告显示，患有缺铁性贫血的人也可能同时缺锌。这是由于像生蚝那样含有大量锌元素的食物较少，而阻碍锌吸收的药物和添加物较多，因此发生了缺锌的现象。

运动性贫血

运动过量也会导致贫血？

容易引发缺铁性贫血的一大令人意外的理由就是运动。通过排汗和急剧的肌肉收缩、奔跑和跳跃，以及脚心处击打地面，身体内部的红细胞遭到破坏，从而引发贫血。不仅是运动员，爱好马拉松和舞蹈的人也需要注意这类贫血。

如果不有意识地摄取铁和锌就很容易造成元素的缺乏

想要摄取"铁"和"锌"!

血红素铁
【肉类·鱼类】
- ☐ 肝脏
- ☐ 牛里脊肉
- ☐ 鲣鱼

非血红素铁
【植物性食物】
- ☐ 羊栖菜
- ☐ 白萝卜干
- ☐ 菠菜

与维生素 C 一同摄入，提高吸收率！

锌
【鱼贝类】
- ☐ 生蚝
- ☐ 鳗鱼
- ☐ 扇贝

与维生素 C 一同摄入，提高吸收率！

积极摄取植物性蛋白质，预防贫血

女性因月经而容易失去铁，也容易引发贫血。月经量较多的人要注意这一点。除此之外，身高较高的人也要注意。与普通人相比，身高较高的人会需要更多的营养，如果从饮食中摄取的营养量不足就会引发贫血。为了不引发贫血，要格外注意每天的饮食方式。要有意识地摄取含有较多铁、锌、维生素 B_{12} 的动物性蛋白质。肉类也是富含铁和维生素 B_{12} 的食材。有缺锌倾向的人要均衡地摄取含有这些物质的鱼类和贝类。维生素 C 能够提升铁和锌的吸收率，所以可以一同摄入。立即改善饮食，预防贫血吧。

这些物质会妨碍铁和锌的吸收！

"减肥饮料"
茶和咖啡中含有的丹宁会降低铁的吸收率。此外，膳食纤维也会附着在铁上而影响肠道吸收铁，注意不要过量摄取含有膳食纤维的饮料。

"加工食品"
点心和方便面等加工食品中含有三聚磷酸盐这一食物添加剂。锌会与这种添加剂结合而被排出体外，因此经常食用点心和方便面会让缺锌状况变得日益严重。

SKIN CARE

从零开始思考美白

- 什么是安全有效的美白护理?
- 只要护理就能够消除色斑吗?

现在就应该
了解的美白
真相!

紫外线如何引发色斑?

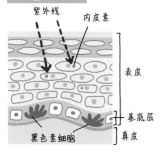

当皮肤感知紫外线时,引起了保护细胞DNA的防御反应,此时内皮素等信息遗传物质会从表皮内侧分泌。

黑色素过量增加和新陈代谢低下是产生色斑的主要原因!

提起产生色斑的原因,我们经常会听到"黑色素"这个词。原本,黑色素是为保护皮肤细胞的DNA不受紫外线侵害而产生的物质。黑色素能够吸收紫外线,防止它受到损伤。也就是说,"黑色素=恶性物质"这一观念是错误的。通常,黑色素的生成会在睡眠时重置,然而有时会因一些状况而导致重置失败,从而不断产生黑色素,或是无法通过新陈代谢排出黑色素,导致黑色素集中在一个地方沉积,成为色斑。除紫外线外,雌激素、炎症、摩擦、压力等也会引发色斑。

过程2

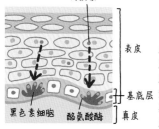

内皮素等信息遗传物质会向基底层中的黑色素细胞发出"产生黑色素"的指令。于是,黑色素细胞就会生成酪氨酸。

应该从何时开始对色斑的护理?

常识!

新陈代谢变慢,黑色素的排出也会变慢。考虑到这一点的话,20岁之后就要了解自身的肤质,然后开始进行相应的护理了。原本美白类化妆品也是为了预防色斑而产生的。和防晒护理一样,应该在出现色斑之前就采取相应的对策。将其看作对将来美丽肌肤的投资,尽早开始吧!

过程3

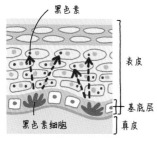

酪氨酸会在酪氨酸酶的作用下转化成黑色素,从黑色素细胞的前端传递到表皮细胞,并不断向上移动。新陈代谢紊乱的话,黑色素就会不断沉积,变为色斑。

黑色素扩散到整个面部时就会引发面部"暗沉"

常识!

当黑色素不集中在一个特定的位置,而是扩散到整个面部并沉积,就会引发暗沉。新陈代谢的紊乱会导致老废角质残留,血液循环不畅也是引发暗沉的原因,但是80%的暗沉都是由紫外线引发的黑色素所导致的。使用美白护肤品会让皮肤变得明亮也是出于这个原因。

美白化妆品的作用机制

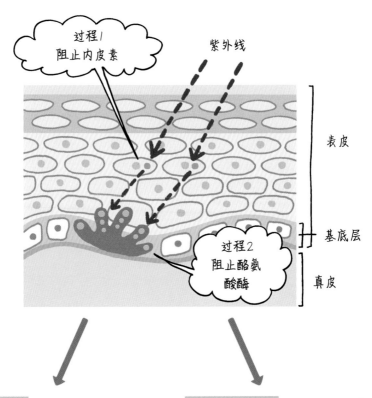

过程/
阻止内皮素

紫外线

表皮

基底层

过程2
阻止酪氨
酸酶

真皮

在过程1中 阻止黑色素！

抑制发出产生黑色素指令的物质

皮肤在接触到紫外线时，引起保护皮肤细胞DNA的防御反应，从表皮内侧会发出"产生黑色素"的指令。能够发出这一指令的是内皮素促黑素细胞激素（MSH）、干细胞因子（SCF）等信息传达物质。这些物质在体内被分泌，到达表皮下的基底层中的黑色素生产工厂（即黑色素细胞）后，会生成作为黑色素原材料的酪氨酸这一氨基酸。这时，直接对信息传达物质进行干预，阻止其发出生成黑色素的指令，从而达到不产生黑色素的目的，这就是这种类型的美白产品所起的作用。

在过程2中 阻止黑色素！

抑制能够转化成黑色素的物质——酪氨酸酶

在信息传达物质向黑色素细胞传达"产生黑色素"的指令时，最初会产生的是酪氨酸。酪氨酸原本并不是黑色的，在黑色素细胞中的酪氨酸酶的作用下会转化为多巴、多巴醌，最终成为黑色素。如果在酪氨酸酶的催化作用并不完全的情况下，则无法产生黑色素，人们以此为基础研发了美白成分。这种美白成分能够分解酪氨酸酶或使酪氨酸酶在作用于酪氨酸之前与其他物质发生反应，如此就能够有效抑制其催化作用。

美白化妆品的目的是什么

□ 预防"将来会出现的色斑"

□ 改善"已经出现的色斑"

在日本药事法中，美白化妆品的功能效果分为"防止日晒引起的色斑"和"抑制黑色素生成，防止色斑"。也就是说，美白化妆品的目的并不是要改善现在已经出现的色斑，而是预防今后出现色斑。但实际上，已经出现色斑的人在使用美白化妆品时多以改善色斑为目的，并且使用后色斑稍微变浅的情况也时有发生。特别是最近随着科学研究和技术的进步，美白化妆品的效果也在变得越来越好。并且，在美白化妆品中也有标记"医药部外品"和"药用"的产品，这些产品中的成分含量均超出日本厚生劳动省所规定的具有预防色斑和雀斑作用的药剂成分的规格，具有官方承认的美白作用。

虽然在日本药事法中美白化妆品以预防为主，但实际上也能够起到改善作用

为何美白成分"杜鹃醇"会引发白斑？

杜鹃醇通过三种作用机制发挥美白效果。首先，与酪氨酸酶结合，抑制酪氨酸酶的活性。其次，促进酪氨酸酶分解。最后，也是杜鹃醇的最大特征，即抑制黑色素的生成。黑色素分为真黑色素和黑褐色素两种。杜鹃醇主要对与真黑色素生成有关的酵素（TRP）进行干预。这三种作用机制已经超出日本厚生劳动省所认可的医药部外品的范围，成分过度有效是引发白斑的主要原因。黑色素虽然是产生色斑的主要原因，但也是创造肤色的最关键的要素。产生白斑的原理大概为：在杜鹃醇的强大作用下，黑色素细胞会无法产生作为肤色之基的黑色素，从而导致皮肤失去原本的颜色，出现了白斑。

能够在过程1中阻止黑色素的美白成分

（医药部外品）

洋甘菊提取物

洋甘菊提取物是从菊科的香草——洋甘菊的叶子中提取出来的。能够抑制从表皮分泌并作用于黑色素细胞的信息传达物质——内皮素的作用。

氨甲环酸

作为对抗皮肤粗糙的成分，氨甲环酸已经获得医药部外品的认可。随后，研究人员发现该物质具有阻断信息传达物质之一的前列腺素和抑制黑色素生成的作用。

t-AMCHA

从大豆与蛋黄中提取。能够抑制作为信息传达物质的前列腺素的生成，阻止黑色素的生成指令。也能起到预防皮肤问题的作用。

m-氨甲环酸

m代表该成分具有抑制黑色素生成的作用。当色斑部位的肌肤处于慢性微弱炎症状态时，黑色素细胞更加活跃，促使皮肤生成过量的黑色素，而该物质能够有效抑制这一过程。

TXC

传明酸十六烷基酯的简称。能够对前列腺素和内皮素等多种信息传达物质起作用。以生成正常数量的黑色素为目的。

常识！

在美容医疗机构的处方笺中出现的其他美白成分

治疗色斑时经常使用的药物为对苯二酚。这种物质除了能够有效阻止酪氨酸酶与酪氨酸的结合外，还能够进行氧化，还原已经变浓的黑色素，从而让已经出现的色斑变淡。除此之外，也会经常用到能够促进新陈代谢的维生素A诱导体（维生素A酸），这两种物质都具有十分强大的功效。虽然能够真正地改善色斑，但是在使用时需要格外注意，切记要和医师商谈。

能够在过程三中阻止黑色素的美白成分

在黑色素细胞中产生的黑色素会被送往基底细胞，伴随着棘细胞→颗粒细胞→角质形成细胞的细胞变化被送往皮肤表面，最终和老废角质一同被排出。但是，在新陈代谢紊乱的状态下，黑色素堆积会引发色斑。这时可以使用能够促进新陈代谢、排出色斑的物质——腺苷磷酸二钠盐/AMP。除此之外，还有一些美白成分，虽然不是医药部外品，但能够阻止黑色素到达基底细胞。

能够在过程2中阻止黑色素的美白成分

（医药部外品）

抑制 "酪氨酸酶"

维生素 C 诱导体

它是历史最悠久的美白成分，安全性也较高。除能够抑制酪氨酸酶外，还能够对已经产生的黑色素发挥还原作用，淡化黑色素。

熊果苷

和维生素 C 一样，具有很长的历史。是由越橘中提取出的物质，和对苯二酚有相似的作用，但成分安全。能够阻止酪氨酸和酪氨酸酶的结合，防止黑色素的生成。

曲酸

从曲霉中获得的成分。通过夺取酪氨酸酶的活性化所需的铜离子来抑制黑色素的生成。历史较长，效果好。有时在美容医疗诊所的处方笺中也会出现这种物质。

鞣花酸

草莓或覆盆子中所含有的多酚的一种。和曲酸相同，通过从酪氨酸酶中夺取铜离子来抑制黑色素的生成。

噜忻诺

由西伯利亚的冷杉中含有的成分制成。能够抢先与酪氨酸结合并难以分离，避免酪氨酸酶的靠近，抑制黑色素生成。

胎盘素

从猪或马等动物的胎盘中提取出的物质。除抑制酪氨酸酶外还具有美白作用，但尚不明确的地方较多。价格低廉，多用于平价美白护理中。

4MSK

水杨酸诱导体。除具有抑制酪氨酸酶活性的作用外，在应对色斑部位产生的慢性角化异常方面也具有一定效果，能够促使堆积的黑色素排出体外。

分解 "酪氨酸酶"

紫檀芪

以木莲科檀香木中所含有的多酚为关键点而研发出的美白成分。能够阻止酪氨酸酶变得成熟，从而减少参与黑色素生成的酪氨酸酶的量。

亚油酸 S

从红花油中提取出来的物质。通过分解酪氨酸酶来抑制黑色素的生成。并且能够促进新陈代谢，排出黑色素。

美白化妆品的选择方法和使用方法

Point 1

首先从美容液开始使用

如果想要选择一款美白产品，建议从美容液开始使用。其理由主要是，一般美白系列的产品中具有最多有效成分的就是美容液。有些人可能会认为化妆水的价格较为合适而选择使用化妆水，但是从性价比的角度来考虑，选择美容液是较为明智的。如果产生皱纹或下垂，你可能会想要使用抗衰老美容液，建议先使用质地清爽的美容液，然后再使用质地厚重的美容液，同时使用两种不同类型的美容液就可以了！

Point 2

检查医药部外品的成分

针对医药部外品的美白化妆品，日本的厚生劳动省在认可其功效的同时，也确认了该产品的安全性。但即便是医药品，在经过五年、十年后也可能会出现副作用。虽然这种认可并非绝对的，但是可以认为使用这类产品时出现皮肤问题的可能性较低。在这类美白产品中，尤其值得推荐的是已经经过数十年检验的维生素 C 和熊果苷。如果想要快速获得美白效果，也可以选择组合使用具有不同功效的美白成分。

Point 3

每天坚持使用

虽然有些产品在使用后能够立刻看到美白效果，但也是暂时的。坚持每天使用美容液等用完一瓶时，即便肉眼无法看到明显的改善效果，但如果没有明显的皮肤问题就可以判断该产品可以继续使用。我们在一整年里都会受到紫外线的伤害，也就意味着黑色素细胞这一黑色素工厂全年无休。因此，如果想要拥有没有色斑的白皙皮肤，就要365天不间断地进行美白护理。

Point 4

定期进行角质护理

色斑主要是因黑色素的过度生成和堆积而产生的。因此，需要认真进行防晒工作，通过使用美白化妆品来杜绝黑色素的生成，同时通过角质护理来维持正常的新陈代谢，这才是应对色斑的最佳方案。角质护理也能够帮助已经生成的黑色素顺利排出体外。并且，按摩能够帮助血液循环变得良好，促进代谢，因此也是防止黑色素堆积的有效手段。

"维生素 C" 不仅能够美白，也是创造美丽肌肤的万能成分！

提高弹性、修护损伤、调节皮脂平衡！

维生素 C 的作用有很多种。首先，具有抑制酪氨酸酶和还原真黑色素的美白功效。其次，能够促进胶原蛋白的合成，提高皮肤的弹力。再次，能够让皮脂的分泌变得正常。并且，十分强大的抗氧化功效能够去除活性氧。除了涂抹在皮肤上，维生素 C 通过口服也能在体内发挥功效。通过打点滴或服用药物获取高浓度维生素 C 时，药理作用较强，具有抗病毒、抗细菌、抗癌、抗过敏、改善免疫、排毒等作用。维生素 C 不仅对皮肤有益，对身体来说也是维持健康不可缺少的营养素。

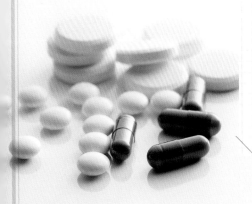

选择维生素 C 保健品的关键点是什么？

维生素 C 为水溶性物质，随代谢排出体外的速度较快，无法在体内堆积。因此，应该经常摄取维生素 C。如果无法经常摄取，可以选择稍微溶解、能够在体内贮存的持续型或定时释放型的维生素 C。

通过食物摄取

水果
（草莓、猕猴桃、橙子等）

蔬菜
（红辣椒、西蓝花、青椒等）

大家普遍认为有酸味的水果中含有维生素 C，其实蔬菜中也含有大量的维生素 C。红辣椒、青椒中富含的维生素 C 有其他的营养素守护，所以即便加热也不会被破坏。但是，几乎所有的维生素 C 都容易因加热流失，因此推荐生食或稍微做熟。

"美白化妆品"会对你的
色斑起作用吗?

➡ 区分色斑的种类

色斑也分为很多种类。一般来讲,我们将因紫外线产生的老年性色素斑称为"色斑",虽然看起来都一样,但实际上这也可能是黄褐斑,或是因炎症而产生的色斑。因种类的不同,有时即便使用美白化妆品也无法获得令人满意的功效。如果在护肤过程中使用了错误的护肤方式,可能会导致色斑加重。

因此,首先要检查自身的色斑种类,再确认现在使用的美白化妆品是否有效。但是,也有一个部位产生多种色斑的情况发生,如果无法区分其类别,应该及时到专门从事色斑治疗的皮肤科医师处就诊。最适合的护理方式才是改善色斑的捷径。

老年性色素斑

虽然颜色浓淡和大小各不相同,但轮廓明显,是非常典型的色斑

具有代表性的、广为人知的色斑就是老年性色素斑。较小的被称为日光性黑子,最大的则可达 2 cm 以上。颜色从浅棕色到深棕色皆有,轮廓明显是这类色斑的特征。虽然名为老年性色素斑,但是20岁左右的人可能也会有这种色斑。出现这种色斑的最大原因就是紫外线。出现色斑后,继续受到紫外线照射的话可能会导致色斑的颜色不断加深。在洗脸和按摩时摩擦皮肤或新陈代谢低下也是产生这种色斑的原因之一。

➤ **美白化妆品的作用是什么?**

能够减少将来可能出现的色斑,改善现在已经出现的色斑。并且,认真进行防晒护理,能够预防色斑的恶化。也可以服用作为保健品或治疗药物的维生素 C 和维生素 E。进行激光治疗也是一种有效手段。

黄褐斑

因雌激素或摩擦引发炎症而出现的左右对称的大面积的色斑

一般呈左右对称状,由于避开了眼周的皱纹,所以色斑从脸颊处到太阳穴呈蝶形分布。有时也会出现在额头或唇部周围,左右、大小、位置也会有很大的不同。颜色为黄褐色,与老年性色素斑相比,轮廓并不清晰。从前有说法称生第二胎后容易出现黄褐斑,而且多出现在30~40岁女性中。近年的研究表明,雌激素是影响黄褐斑的主要因素,闭经后黄褐斑会自行消失。此外,因摩擦产生的微弱炎症也是导致黄褐斑恶化的主要原因。

➤ **美白化妆品的作用是什么?**

在使用美白化妆品护理时,注意不要过度摩擦皮肤,严禁使用按摩器。只要不过度摩擦就有可能治愈黄褐斑。并且内服能够抑制微弱炎症的氨甲环酸也十分有效。

脂溢性角化病

美白化妆品无法消除凸起的色斑

原本已经出现色斑的部位的角质变厚就产生了这类色斑，呈棕色凸起状。是因长年受到紫外线的伤害，导致细胞 DNA 出现错误而产生的。随着年龄的增长这类色斑会越来越容易出现，但是也有人在30岁时就长出了。在面部、手部等经常受到紫外线照射的部位容易出现。

➡ **美白化妆品的作用是什么?**

这是色斑的进化形式，达到这种程度的话，一般的美白化妆品已经无法产生作用。在医疗美容诊所中通过 CO_2 激光或液体氮素来去除为主要治疗方法。只要认真进行防晒护理就能够预防这类色斑的产生，采取抗紫外线对策是最好的。

雀斑

遗传性因素较强，主要由黑色素生成过度导致

浅褐色、形状较小的点状色斑以鼻子为中心向左右脸颊处扩散般出现。父母面部出现色斑，孩子也容易出现。虽然遗传性因素较强，但是在父母没有的情况下，孩子有时也会出现这类色斑。肤色白的人会容易有雀斑，三岁左右就会出现，青春期时雀斑现象会较为显著。

➡ **美白化妆品的作用是什么?**

从黑色素过度产生这一点来看，雀斑和老年性色素斑相同，因此理论上来说，美白化妆品会起到相应的作用，但是无效的情况也时有发生。即便这样也应该认真进行防晒和美白护理。即使接受激光治疗也容易复发。

炎症后色素沉着

由痤疮印或瘙痒印引发

它是痤疮、蚊虫叮咬、炎症、伤口、烧伤等炎症发生后，黑色素沉积引发的色斑。特别是挤压痤疮后可能会产生。因为是炎症引发的，所以和年龄无关且全身都有可能出现，内衣等摩擦部位出现的暗沉或黑印也属于这类色斑。

➡ **美白化妆品的作用是什么?**

针对这类色斑，美白化妆品较为有效，只要发现后立即使用就有可能改善。而激光治疗有时会让这类色斑变深。色斑面积较大，肤色不均时也较难治愈。可以使用对苯二酚等外用药。

花瓣状色素斑

晒伤后背部出现的色斑

因严重的晒伤而产生的红肿消除后出现的色斑，通常不会出现在面部，容易出现在背部。有像老年性色素斑的，也有向脂溢性角化病发展而逐渐变厚的，还有像花瓣一样的，各种形状的色斑混在一起。白种人等肤色较白的人种多容易出现这种色斑。

➡ **美白化妆品的作用是什么?**

多少有可能会得到改善，但无法完全治愈。接受激光治疗能够获得确切的效果。严重的日照是这类色斑产生的原因，所以在海边等日照强烈的地方时，应该认真使用防晒产品，并随时补涂。

容易产生色斑和不容易产生色斑的皮肤的区别?

➡ 受到紫外线照射后的皮肤状态检测

变红不变黑类型

难以产生黑色素，对紫外线的抵抗能力较弱，细胞容易受到损伤

这类人和皮肤会立刻变红但不会马上变黑的白色人种相近。常见于居住在日本北方的人群中。他们天生难以产生黑色素，很难对抗急性晒伤，容易受到能够到达皮肤深处的 UVA 的影响，也容易出现皱纹。这是这种类型的主要特征。

护理的关键

黑色素生成能力较低，细胞容易受到损伤。因此，平时应该认真进行防晒护理。发红也是炎症的一种表现，在降温后要注意保湿护理。

变红变黑类型

日本人中最常见的皮肤类型。日晒引发的炎症也容易使这类皮肤出现色斑

这种类型在日本人中十分常见。其黑色素的生成能力仅次于不变红且变黑类型的人，但也容易引发色斑。皮肤变红时会出现皮肤炎症，从而进一步促进黑色素生成。但是，很多人都有较高的防晒意识，因此很难引发严重的后果。

护理的关键

晒后出现红肿时已经引发了炎症，所以降温后要进行保湿护理。情况稳定后要使用美白化妆品进行护理。

不变红且变黑类型

守护细胞不受紫外线伤害的能力较强，但也更容易出现色斑和暗沉

最容易出现色斑和暗沉的就是这种类型。黑色素生成能力较高，守护细胞不受紫外线伤害的能力也较强。小麦肤色为这类型人的主要特征，常见于居住在日本南方的人群中。即便皮肤受到紫外线照射也不会变红，因此他们平时容易疏于防晒护理。

护理的关键

如果经常受到紫外线照射，鉴于这种类型的人的黑色素生成能力较高，他们应该在日常护理中使用美白化妆品，且一定要做好防晒工作。

美白化妆品的 Q&A

Q 坚持使用美白化妆品会变"白"吗？

A 美白化妆品能够抑制新黑色素的产生，促进新陈代谢，使黑色素被排出体外。这样一来，皮肤内部的黑色素就会减少，色斑变浅，有效缓解肤色不均和暗沉，让肤色变得明亮。其实，这只能让你的肤色逐渐恢复到天生的肤色程度，无论肤色变得多么白皙也无法超越原本的肤色。其中上手臂内侧的皮肤颜色是最白的。

Q 不是"医药部外品"的美白化妆品就无法产生作用？

A 不是医药部外品的产品也可以叫作美白化妆品，只是在作用的表现上具有一定限制，无法确定是否会对色斑有效。但事实上，即便是含有维生素 C 等有效成分的产品也无法被认定为医药部外品，但其中也有能作用于黑色素生成的过程、预防色斑产生的产品。

Q 美白化妆品真的安全吗？

A 原本，美白化妆品的目的是为预防色斑和雀斑，并非危险的物品。但是，随着黑色素的生成机制被揭开，新的成分也在不断地开发。有些产品不仅能够预防，甚至能够改善色斑。虽然医药部外品的安全性得到了认可，但也无法确定这些产品几年后是否会出现副作用。从这一点来看，维生素 C、熊果苷、洋甘菊 ET 作为化妆品成分已经被使用了十年以上，可以认定这些产品具有较高的安全性。

Q 如果美容医疗诊所能够去除色斑的话，是否就无须使用美白化妆品了？

A 即便能够通过激光治疗去除色斑，表皮深处的黑色素细胞也并没有被破坏。并且，激光治疗后的色斑部位处于屏障机能被解除的状态，对刺激会产生过敏反应。如果不认真进行防晒护理会导致黑色易于生成，在相同部位会再次出现色斑。所以可以将去美容医疗诊所视为终极手段，首先应进行日常的美白护理并采取抗紫外线对策。

HORMONE CARE

通过激素调节
皮肤状态

- 激素能够给皮肤带来什么影响?
- 获得不受经期影响的皮肤

激素与皮肤
状态有很大
关系!

女性应该如何与激素友好相处？

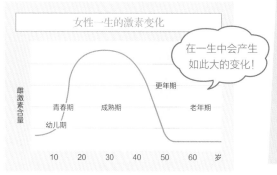

女性一生的激素变化

在一生中会产生如此大的变化！

雌激素含量

幼儿期　青春期　成熟期　更年期　老年期

10　20　30　40　50　60　岁

新常识！

青年性更年期的女性正在增加？

从45岁左右开始闭经的10年期间被称为更年期，会出现潮红、体寒、潮热、疲惫感等症状。这些症状在20～30岁女性身上出现时就是青年性更年期。压力是主要的导火索，激素和自律神经的平衡出现紊乱是主要原因，随着越来越多的女性开始走向社会工作，这类更年期也变得多见。置之不理的话，可能会引发不孕不育或其他疾病。感受到身体有异常时，应该及时去妇科就诊。

雌激素和孕激素会给心脏、身体和皮肤带来各种影响

激素有很多种类。其中，对女性来说最常见也最易受其影响的就是女性激素。其实，女性也会分泌男性激素（睾酮），但和女性激素相比，其分泌量微乎其微，几乎不会给女性带来很大影响。女性激素主要有雌激素和孕激素。根据这两种激素的分泌量的变化来控制生理和排卵的节奏（详情见180页图）。并且，这两种激素也与皮肤状态、脂肪、水分的代谢有很大关系。孕激素会因怀孕和生育而出现暂时性的增多，黄褐斑和色素沉着的颜色会变深。与之相对，雌激素会因年龄而产生很大的变化。它从7岁开始增加到青春期，20～30岁是分泌最旺盛的时期。这也是最适合怀孕、生育的时期。之后，随着年龄的增长，卵巢功能会逐渐降低，分泌量从40岁左右开始减少，到了45岁左右会急剧减少。并从这时开始进入更年期，激素的平衡和自律神经会出现紊乱，身体容易出现状况。经过这段时期后，卵巢的功能会完全消失，身体状况再次稳定。这样来看，甚至可以说是激素影响了女性的一生。

女性的骨骼也受到激素的影响

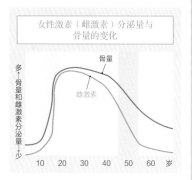

女性激素（雌激素）分泌量与骨量的变化

多　骨量和雌激素分泌量　少

骨量

雌激素

10　20　30　40　50　60　岁

女性的骨量会在18岁达到顶峰。这是因为雌激素对骨骼的形成起支配作用，因此在这个时期，雌激素的分泌量也会达到顶峰。随后，到了45岁后开始进入闭经期，雌激素会急剧减少。因此，相比男性，女性更容易患有骨质疏松症。平时应该注意摄取钙并进行适当运动，积极预防这类症状的发生。

与影响皮肤的两大女性激素成为朋友

关键是 孕激素 和 雌激素

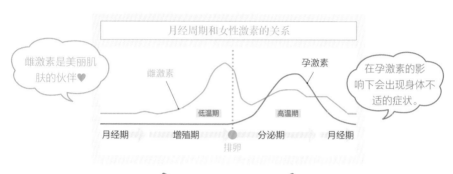

月经周期和女性激素的关系

雌激素是美丽肌肤的伙伴❤

雌激素

低温期

孕激素

在孕激素的影响下会出现身体不适的症状。

高温期

月经期　　　增殖期　　　　　分泌期　　　　月经期

排卵

【排卵前一周】

雌激素具有提升皮肤的水分含量、促进胶原蛋白生成、让皮肤具有弹性的美肤功效。还具有贮藏皮下脂肪、为怀孕做准备、塑造女性躯体的作用。雌激素的分泌量会在生理期后的一周达到顶峰。因此，在排卵的前一周，在雌激素的作用下，皮肤的状态也会更好，心情也变得更明朗，行动也更加积极。

护理的关键

采取强效护理会获得美丽肌肤

这个时期是最合适进行去角质或美容医疗等强效护理，以及按摩等特殊护理的时期。在这个时期，因为很难出现皮肤问题，所以可以尝试新的化妆品，也可以进行烫发或脱毛等护理。又因为新陈代谢较好，脂肪也易于燃烧，因此也十分适合在这个时期减肥。

【生理期前一周】

排卵后，雌激素会减少，这时身体会受到孕激素的影响。这时，皮肤处于皮脂分泌旺盛、容易出现痤疮的状态。生理期前皮肤状态不好也是出于这个原因。并且，这时会容易出现色斑，水分堆积，浮肿，可谓是不良状况大游行。而且还会出现 PMS（经前期综合征）、头痛、易困等症状，容易陷入暴躁或抑郁的情绪中。

护理的关键

这是需要忍耐的时期。应该进行简单的护理

皮肤的状态从这一时期开始变差。因为皮脂分泌变多，应该认真洗脸，竭力避免皮肤问题的出现。以保湿为中心的简单的护肤手法是最佳选择。因为这个时期也是容易出现色斑的时期，应该比平常更加注重防晒护理。因身体这时容易储存水分，所以不适合减肥。

了解关于激素的更多信息

Q 能够增加激素的食物是什么?

A 女性激素的原材料其实是胆固醇,需要依靠食用优质的肉类和蛋类来补充。并且,我们经常听到的异黄酮是大豆中含有的接近女性激素的成分。虽然每个人的状况有所不同,但异黄酮在人体内能够代替雌激素发挥作用,从而弥补女性激素不足,具有提升胸围的作用的野葛根(泰国等地自然生成的豆科植物)也有相同功效。能够作为睡眠激素原料的蛋白质,以及大豆中含有的有助于睡眠的卵磷脂也是应该积极摄取的营养素。

Q 最近女性体内的男性激素在增加是真的吗?

A 如果感觉到压力,身体为了保护自己就会变得具有攻击性。这时就会开始分泌男性激素。因工作而每天忙忙碌碌,因家务和照顾孩子而没有自己的时间等……有着这些压力的女性的体内的男性激素的量就会增多。皮脂分泌增多,容易出现痤疮,下巴周围还会出现浓密的胡子。这是因为生活不规律和营养不均衡导致的症状。如果感到自己有些"男性化",应该重新审视自己的生活,放松身心。

Q 如何度过生理期前的不安定时期?

A 方法十分简单。最好认清这个时期是皮肤状态不好、心情烦躁的时期。即便出现痤疮,也要想着"痤疮随后会消失的""现在没有办法"而让自己放松。但是,烦躁和不安等 PMS 症状十分严重时,也可以考虑及时去妇科就诊。还可以使用止疼药来调节激素平衡,让身心轻松。

Q "多巴胺""内啡肽""肾上腺素"是什么激素?

A "多巴胺"是人们兴奋时分泌的脑内激素,具有通过强烈的刺激让身体产生行动的作用,它会使人们为了生活而采取必要的行动,例如吃美味的食物,从而让人类获得幸福感。"内啡肽"是被称为大脑麻药的快乐激素。感到快乐、幸福、喜悦时会分泌这种物质,具有减少压力、提升免疫力的作用。恋爱时之所以会变漂亮就是因为体内在分泌这种物质。"肾上腺素"在全身各处生成,让交感神经处于优先状态,使人心率加快、兴奋,反应更加迅速。

通过良好睡眠保持好的皮肤状态

关键是 "5-羟色胺" 和 "褪黑素"

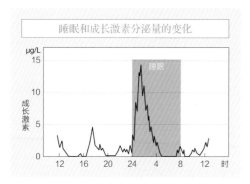

睡眠和成长激素分泌量的变化

μg/L
成长激素

"5-羟色胺" → "褪黑素"

早晚工作　　　　夜间工作

产生 "成长激素" 至关重要！

产生新细胞不可或缺的就是成长激素。它能够促进细胞的生长，让受到损伤的细胞和组织得到修复、再生。成长激素还具有消除疲劳、燃烧脂肪、提升免疫力等作用，成长激素是获得健康肌肤和身体的关键。成长激素分泌最多的时刻是入睡2个小时后的非快速眼动睡眠期。非快速眼动睡眠期意味着大脑此时处于彻底休息的状态，也就是已经熟睡的睡眠状态。熟睡的条件是分泌一种名为褪黑素的激素。褪黑素具有调节生物钟、抗氧化，以及强化免疫力的作用，而分泌褪黑素所必需的则是5-羟色胺。受到阳光照射时5-羟色胺会非常活跃，而到了夜晚，它就会促进褪黑素分泌。这些物质在特定的时间内分泌，并且与成长激素一起受生物钟支配。因此，即便在白天睡两个小时，体内也不会分泌成长激素。每天过着有规律的生活并保证良好的睡眠十分重要。

最佳的睡眠时间是几个小时？

一般来说是六个半小时。依据之一就是这是长寿的人的平均睡眠时间。另一个依据就是在接近大脑觉醒状态的快速眼动睡眠期人会更加容易醒来。从开始入睡到快速眼动睡眠期需要花费1个半小时。随后，非快速眼动睡眠期和眼动睡眠期会交替出现。考虑到这两种睡眠出现的时间，入睡6~7个小时后醒来是最佳的。

有时听人说在夜间10点到 2点间入睡是最好的

夜间的10点到凌晨两点被称为"灰姑娘时间"，在这个时间带内睡觉能够获得美丽肌肤，但这其实是不现实的。这恐怕是"8点左右就睡觉"的时代留下的残余观念。如今，人们的入睡时间大约在夜间的10点到12点，那么将这个时间带延后两个小时才是"灰姑娘时间"。但是，最重要的是要保证每天在固定的时间入睡。这样才更容易促进成长激素的分泌。

要保证优质睡眠

每天过着有规律的生活，积极摄取作为睡眠激素原料的蛋白质，放松身心入睡，这才是最重要的。在这里，学习一下放松身心的关键点。

稍暗的灯光
热牛奶或花草茶
做一些伸展运动
泡澡

智能手机或电脑
荧光灯较强的光线
含咖啡因的饮品
会出汗的激烈运动

入睡前，需要从白天的交感神经优先的状态转化成副交感神经优先的状态。为此，整个人浸泡在浴缸中，彻底温暖身体才是正确的选择。做伸展等较为轻松的运动，也可以放松身体。还可以饮用花草茶等热饮。特别是热牛奶，热牛奶中含有能够作为5-羟色胺和褪黑素原料的色氨酸这一氨基酸。体温较低时饮用热牛奶能够帮助人们快速睡眠，并且还能够快速升高体温，可谓是一举两得。并且，处在光线较强的地方会变为交感神经优先的状态，因此将光线调暗也是提升睡眠质量的关键。使用香薰、阅读喜欢的书等，创造能够让自己放松的环境吧。

应该避免在入睡前两个小时做一些会让自己兴奋的事情。交感神经处于优先状态时，身体无法放松，即便入睡也无法获得优质的睡眠。这类令人兴奋的事情包括上网、写博客、使用智能手机或电脑发送邮件、躺在床上看电视，等等。做这些事情时使用的设备的屏幕不仅很亮，而且还会发出让褪黑素减少的蓝光，应该在睡前停止这些行为。而且，虽然在睡前应该喝热饮，但是不可以喝咖啡和绿茶。因为其中含有的让人兴奋的咖啡因会让人更加清醒。还应该尽量避免睡前做会出汗的激烈运动。虽然因运动产生的疲劳感能够帮助人入睡，但过于激烈的话身体会分泌肾上腺素，交感神经也会处于优先状态，而让人更加无法放松。

HAIR CARE

了解正确的护发方法

- 如何拥有健康的头发?
- 女性发量少的对策是什么?

头发也需要护理,
用正确的护理方式
守护头发健康。

了解头皮和头发的构造

头皮的性质

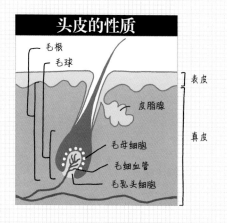

毛根
毛球
皮脂腺
表皮
真皮
毛母细胞
毛细血管
毛乳头细胞

头发的性质

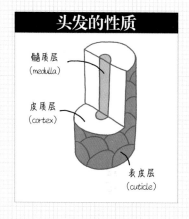

髓质层（medulla）
皮质层（cortex）
表皮层（cuticle）

头皮比面部皮肤厚、皮脂腺较多

　　头皮的结构和皮肤相同，由表皮、真皮、皮下组织这三层组成。新细胞不断再生的新陈代谢也在进行着，老废角质脱落产生的物质就是头屑。面部的新陈代谢周期为28天，而头皮的新陈代谢周期则为40天。随着年龄的增长，头皮的真皮层也会萎缩，失去弹性，产生下垂。只有促进血液循环，保持真皮的弹性，才能产生孕育健康头发的头皮环境。头皮中的皮脂腺是额头皮肤的两倍，比面部更容易引发皮脂问题是头皮的特征。

最外侧的表皮层能够隔绝刺激

　　头发有三重结构，最中间的是髓质层。稍外侧是皮质层，其中蕴含着黑发的原材料——黑色素。并且在最外侧（即头发表面），细胞像鳞片一样排列的是表皮层。染发和烫发的过程就是打开表皮层，向皮质层输入颜料或染发液，然后再关闭表皮层，但这样头发容易遭受损伤。并且，头发的成分角蛋白在55°C以上的热度中会变性，因此加热会伤害头发。

什么算作"健康的头皮和头发"？

☐ 头皮有透明感

☐ 头发有光泽

☐ 发梢滋润

　　为了孕育健康的头发，就必须要保证作为土壤的头皮处于良好的状态。自己检查头皮状态有些困难，因此可以在去美发店时，让理发师帮忙检查。不发红、具有青白色的透明感、有弹性是头皮的最佳状态。表皮层整齐地排列是健康头发的条件。头发有光泽，从发根到发梢都不干枯，表皮层排列整齐，则可以称之为健康的头发。

头皮损伤的原因和症状

- ☐ 过度清洁
- ☐ 紫外线
- ☐ 饮食生活紊乱
- ☐ 压力
- ☐ 睡眠不足
- ☐ 定型产品的残留

干燥

和皮肤一样，过度清洁和紫外线是主要原因

虽然头皮的皮脂腺比面部多，干燥基本上很难发生，但是"过度清洁"也会引发头皮干燥。一天洗两次以上、使用清洁能力较强的洗发水是主要原因。特别是30岁以后的女性，由于皮脂的分泌量减少，如果再使用20岁左右时使用的洗发水，则容易过度去除油脂。头皮的基本构造和皮肤相同，因此它也容易受到紫外线的影响，压力或睡眠不足等内在要素也会引发头皮干燥。

头屑

头皮的新陈代谢紊乱是主要原因

头皮也在进行新陈代谢，老废角质每天都会自然脱落。通常，洗头时老废角质会自然脱落，因此头屑并不会过于明显。但是，头皮干燥时角质会变为粉状，出现头屑。皮脂过剩也可能会引发头屑，因皮脂过剩引起的炎症，导致新陈代谢的速度过快，角质不断脱落。这样一来，即便每天洗头也还是会有头屑。

红肿·发痒

干燥或皮脂过剩引发的问题

即便自己没有注意到，头皮红肿的情况还是出乎意料地多。干燥加剧，屏障机能会随之降低，只要有些许刺激就会产生敏感的反应，并且引发炎症。屏障机能会因压力和睡眠不足而降低，身心疲惫时更加容易出现头皮红肿，红肿加剧的话皮肤就会发痒。皮脂量过剩，也会引发炎症，造成红肿、发痒的脂溢性皮炎。

常识！

头屑也可能是由一种霉菌所引发！

头皮的屏障机能低下，针对外部刺激的防御能力也会降低，糠秕马拉色菌等霉菌可能会引发炎症，造成头屑的产生。这时可以使用专门的药物，或是进行具有杀菌和消炎作用的头皮护理。如果担心，可以去诊所进行检查。

头发损伤的原因和症状

- ☐ 吹风机的加热
- ☐ 染发
- ☐ 烫发
- ☐ 紫外线
- ☐ 定型产品的残留

易断、分叉

除了高温、紫外线，免洗护发素也是一个意想不到的盲点

吹风机的热风带来的损伤，染发或烫发等化学作用所引发的表皮层的损伤是主要原因。除此之外，紫外线也会给头发带来损伤。头发定型产品没有彻底清洗干净也是不行的，特别是使用无硅油洗发水或纯天然洗发水等清洁能力较弱的洗发水时也要注意这一点。并且，经常容易被忽视的是免洗护发素。人们有时可能会认为这是护理产品，但实际上应将其视为头发定型产品，在睡前要用洗发水清洗干净。

护理的关键

⭕ 正确的梳头方法

在洗发前，必须要梳头发，请牢记这一点。梳头在促进血液循环的同时，还能够去除头发上的污垢。让洗发水更容易产生泡沫，减轻对头发的摩擦。选择气垫梳，从发根到发梢以多种角度梳2~3分钟。

⭕ 摄取矿物质和维生素

如果你担心红肿和头屑等皮脂过剩所引发的问题，可以摄取 B 族维生素，这样能够调节脂质代谢。除此之外，维生素 B_5（泛醇）或生物素等维生素类物质都是头发的营养素。在摄取作为头发材料的优质蛋白质的基础上，也积极摄取具有生发效果的锌和碘等矿物质吧。

⭕ 选择正确的头发护理产品

虽然有很多产品商都宣称使用该产品能够获得怎样的发质，但是就像选择适合自身肤质的化妆品一样，应该根据头皮的状态来选择护理产品，这样才是最好的。例如，头皮干燥时，应该避免使用清洁能力较强的产品。出现红肿等炎症时，应选择含有对头发或头皮温和的氨基酸系清洁成分的产品。

护理的关键

○ 正确清洁

1

用梳子梳头发，做好事前准备

　　用圆头气垫梳轻轻按摩头皮，梳理头发。

2

充分浸湿全部头发

　　不只要浸湿头发，也要浸湿头皮。考虑到头皮的干燥，可以使用温水。

3

使用起泡网可以轻松打出泡沫！

事先打出泡沫，预防损伤

　　应该事先让洗发水生出泡沫。不可直接将洗发水涂抹在头发上，再揉出泡沫。

4

用指腹轻轻按摩。

将泡沫主要抹在头皮上

　　如图，将泡沫抹在头皮上。不要用指甲挠头皮，用指腹按摩才是最佳的方式。

5

清洁的同时按摩头皮

　　将手掌放在头皮上，一边进行按压式按摩，一边清洗，这样可以促进血液循环。

彻底冲洗干净！

　　为了保证头皮和头发的健康，在洗头发时要像洁面一样彻底冲洗干净是关键。如果洗发水或护发素残留在头皮或头发上，则会造成毛孔堵塞，引发问题，头发也会过度伏贴。与洁面相比，洗发更容易出现清洁不彻底的情况，尤其要注意面部轮廓、耳朵周围、下颌线处，保证冲洗干净这些部位。

头发和头皮的护理 Q&A

Q 如何选择护发素？冲洗还是免冲洗？

A 在洗澡时使用的护发素和免冲洗型的护发素都能够让头发变得顺滑，减少因摩擦引发的损伤，十分适合女性。但是，护发素堆积在头皮上的话容易引发问题，因此要避免涂抹在头皮上，待护发素充分渗透到头发中后，将其冲洗到不黏手的程度为止。并且，免洗护发素接近头发定型产品。所以想要减少损伤时应该选择冲洗型护发素。

Q 如何区分使用"发刷"和"梳子"？

A 发刷除了能够去除附着在头发上的杂物和灰尘外，还具有刺激头皮、促进血液循环的作用。与之相对，梳子主要用在最后的造型上，能够让头发更具有光泽。在晚上洗头发前或早上做造型之前，使用发刷进行头皮护理。如果是直发的人，在做造型时，可以使用梳子梳通头发。

Q 应该选择含硅油还是无硅油的产品？

A 在洗发水和护发素中添加硅的作用是让头发更加顺滑，这样能够减少摩擦，防止对头发的伤害。但是，硅油的定型能力较高，如果没有彻底清洗沾在头皮上的硅油的话，就会造成毛孔堵塞，从而引发痤疮或炎症。认真清洗的话就能够去除硅油，因此只要能做到认真清洁，就可以使用含有硅的洗发水。传统无硅油洗发水容易使头发变得毛躁，而最近的无硅油洗发水中多添加油质，能够让头发变得更加顺滑。

Q 如果无法停止染发和烫发，应该如何护理？

A 原本，染发和烫发就是强行打开关闭的表皮层，染发剂会去除角质层中的水分和营养成分，给头发造成损伤。可以在日常清洁头发时使用修复损伤的洗发水或发膜。在染发后使用防止褪色的产品也十分有效。

脱发 · 发量少 · 圆形脱发症

遗传

虽然影响较小，但也会有这种情况发生

与男性相比，女性很难受到遗传的影响，产生脱发等症状的主要原因为压力或生活方式紊乱等环境因素。虽说如此，但遗传的可能性也并不为零！

吸烟

血液流通不畅 & 活性氧的双重打击

因血液流通不畅，不只是皮肤，头皮也会处于缺乏营养的状态，难以孕育健康、较粗的头发。并且，吸烟也会产生活性氧，加速老化，头发也会随之变得稀薄。

压力

不只对皮肤，对头发来说也是大敌

压力会产生活性氧，同时也会加速头皮的老化，激素的平衡变得紊乱，让男性激素处于优势地位。这样一来，女性就会和男性一样容易掉头发，发量急剧减少。

激素紊乱

脱发 & 发丝细 发量减少

头发和激素有着密切的关系。男性激素增多的话，头顶部和前侧的脱发就会十分明显；女性激素减少，头发就会失去光泽和韧度，形成较细的发丝。

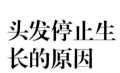

头发停止生长的原因

饮食生活的紊乱

极端的减肥导致构成头发的材料不足

头发由角蛋白组成，而形成角蛋白的材料就是蛋白质。因偏食而导致构成头发的材料不足的人占大多数。将蛋白质转化成角蛋白的锌也十分容易缺乏。

错误的护理方式

干燥或毛孔堵塞也是造成这些问题的原因

持续使用不适合头皮的护发产品，会加剧头发的干燥，引发炎症。并且，如果没有彻底清洗头发上的定型产品的话，也会造成毛孔堵塞，阻碍头发的生长。

睡眠不足

成长激素不足导致无法孕育新的头发

如果没有获得充足的睡眠时间的话，成长激素的量也会日益减少，难以孕育新的头发，修复白天受到的损伤的能力也会变弱。无法生出健康的头发，发质也会逐渐变差。

现代女性所烦恼的发量少的问题，
可以通过正确的护理来预防和改善！

稍早之前，头皮和生发护理还被认为是专属于男性的护理方式。但是如今很多女性杂志都增加了相关的护理专栏，可见关于女性的头皮和生发护理已经引起关注。原因在于因发量较少而产生烦恼的女性的增多，以及更容易产生的毛发稀疏的问题。

实际上，引发女性发量较少的原因多种多样。其中，饮食生活的紊乱、睡眠不足、压力等是现代社会特有的问题，和皮肤一样，这些问题会引发皮脂分泌过度或血液流通不畅，从而妨碍头发健康生长。并且，激素平衡紊乱也

会给头发生长周期带来巨大影响。如果体内男性激素占主导地位，女性头顶部或前面的头发就会像男性头发一样容易脱落；女性激素中的雌激素减少的话，头发就会失去光泽和韧度，发量减少。头发生长周期变短，无法长出头发，从而头发变得稀少，这种情况也十分常见。

发量较少或脱发现象多见于40岁以上的女性，从20~30岁开始注意正确的头发护理和生活习惯，就能够预防这些问题的出现。并且，如果已经出现发量减少的情况，采取正确的护理方式也能够延缓症状恶化，改善当前状况。

女性也会因年龄增长而谢顶？

男性会因年龄的增长，头顶变得光滑，出现谢顶的现象。而女性几乎不会因年龄增长而出现谢顶。因压力或自律神经的紊乱形成的圆形脱发症，或头发整体变少的弥漫性脱发并不是因年龄增长产生的，而是一种疾病。圆形脱发症即使不治疗，也会自行痊愈，但蔓延性脱发症比较难治。无论怎样，如果脱发和发量少的症状较为明显的话，应该及早去医院就诊。

COSMETICS

化妆品的选购方法

- 应该如何选择?
- 如何分辨产品的安全性?
- 有机护肤品是安全的吗?

选择正确的化妆品,皮肤确实会有所改变!

了解市面上的产品种类

　　我们平时称为"化妆品"的产品在日本药事法中被分为三类，包括以治疗为目的的医药品、以美容为目的的化妆品，以及能够在一定程度上保证效果的医药部外品。从对皮肤的作用上来看，化妆品、医药部外品、医药品的功效依次递增。究竟是需要维持皮肤状态的稳定，还是改善皮肤问题，我们可以根据这些不同的需求来选择产品。

化妆品

以维持健康的皮肤为目的

　　我们平常使用较多的产品为"化妆品"，即在日本药事法中被定位为"保持健康状态"的产品，作用较为温和。其中含有能够使人看起来更加美丽的化妆品要素。护肤的目的是清洁、防止干燥、隔绝紫外线。日本药事法中并没有规定除这些之外的作用。但最近出现了很多声称能够抗衰老的化妆品，却不具备任何条件和基准，只是向水中添加少许成分便能声称是化妆品。所以化妆品的品质也有很大差异，应该慎重选择。

医药部外品

日本原装的"准医药品"的化妆品

　　医药部外品以"疾病的预防、改善"为目的，其中也会有产品在名字中添加药用字样。它是日本所特有的、效果界于化妆品和医药品中间的产品。要想成为医药部外品，条件是含有规定范围内的日本厚生劳动省所认可的药剂成分，并且这些成分的有效性和安全性经过了日本专门机构的认证。医药部外品能够预防色斑，预防痤疮，改善皮肤问题，对皮肤进行杀菌，产品商可以正式地向消费者宣传这些功效。但是，和化妆品一样，它对人体的作用较为温和，因此和化妆品的界限不太明确。

医药品

以治愈皮肤问题为使命的药物

　　医药品是药物，以"治愈疾病"为目的。其中含有的成分为日本厚生劳动省所认可的成分，具有治愈炎症的强大功效，严禁使用过量。医药品分为两类：医师诊断后开出的处方药，以及能够在药店等地方买到的市面上的医药品。能够在市面上买到的医药品也被称为OTC（非处方药）医药品。其中，皮肤上涂抹的医药品有针对瘙痒和皮肤炎的外用药。凡士林是用于皮肤护理的典型药物，能够防止干燥，守护皮肤不受外界刺激。

医疗诊所处方

对各类肤质都十分有效！

　　医疗诊所开出的药物，也被称为医疗用医药品，不接受医师诊断则无法获得。这类药物比市面上常见的药物含有更多的成分，其特征是效果较好。医师也有可能开出护肤用的护肤品，这是以医师的想法为基础而制作出来的独特产品。使用高浓度的曲酸或对苯二酚的美白剂就是其中具有代表性的例子。当使用市面上的药物无法治愈皮肤问题时，应该及时去诊所就诊。

产品成分表的阅读方法

化妆品
（普通美容液）的情况

<全成分表示>水、BG、ベンチレングリコール、グリセリン、シクロヘキサン、1,4-ジカルボン酸ビスエトキシジグリコール、ポリソルベート60、(エイコサン二酸/テトラデカン二酸)ポリグリセリル-10、ポリアクリル酸Na、メチルグルセス-10、ジメチコン、PEG-60水添ヒマシ油、(アクリル酸ヒドロキシエチル/アクリロイルジメチルタウリンNa)コポリマー、シクロペンタシロキサン、PCA-Na、サッカロミセス溶解質エキス、アルテロモナス発酵液、トリデセス-6、ポリクオタニウム-61、ヒアルロン酸Na、カンゾウ根エキス、グリチルリチン酸2K、トリ(カプリル酸/カプリン酸)グリセリル、PEG/PPG-18/18ジメチコン、レシチン、炭酸水素Na、キサンタンガムクロスポリマー、キハダ樹皮エキス、ヒバノール酸、ヒドロキシエチルセルロース、カルノシン、PCA亜鉛、ヨーロッパブナ芽エキス、ダイズ油、ラウロイル乳酸Na、アルガニアスピノサ芽細胞エキス、トコフェロール、アテロコラーゲン、ムラサキ根エキス、セイヨウトチノキ種子エキス、コンドロイチン硫酸Na、オレイン酸Na、没食子酸エピガロカテキン、セラミド3、フィトスフィンゴシン、セラミド6Ⅱ、コレステロール、セイヨウオオバコ種子エキス、セラミド1、カルボマー、水添レシチン、イソマルト、マルチトール、アラニン、ソルビトール、DPG、フィトステロールズ、ヒトオリゴペプチド-1、ヒトオリゴペプチド-4、アセチルデカペプチド-3、オリゴペプチド-20、カプロオイルテトラペプチド-3、トリペプチド-1銅、デキストラン、キサンタンガム、クエン酸Na、クエン酸、水酸化Na、エタノール、フェノキシエタノール、香料

EGF:ヒトオリゴペプチド-1(保湿)
3GF:アセチルデカペプチド-3、オリゴペプチド-20、カプロオイルテトラペプチド-3(保湿)

全效修护美容
液 α plus 32 mL

解读要点

○ 按照加入量从多到少的顺序排布，从水开始，以添加物结束

化妆品中的"全成分标识"会按照加入量的降序列出，而含量少于和等于1%的成分按任意顺序排列。但是，究竟哪种成分的含量在1%以下，我们却无从得知。最后也可能会标有"其他"的字样，这表示那些以商业机密为理由而不会出现在成分表中的已被认证的成分。成分表中的成分名并非我们常见的名称，而是学名。以左侧所示的美容液为例，其中EGF（实线内）——抗衰老的主要成分之一被记载为"rh-寡肽-1（保湿）"。画线的成分则表示具有美肤效果的代表性美容成分。从水开始，随后是能够让美容成分更好溶解的基础成分和美容成分，最后以防腐剂、香精、染色剂结束是常规的成分表模式。

应该事先了解的成分 ❶

● 维生素C

成分表中出现维生素C这一名称的情况十分少见，一般被写作抗坏血酸。而在诱导体中，维生素C通常被表示为抗坏血酸磷酸酯镁、抗坏血酸四异棕榈酸酯（VCIP）。

● 对羟基苯甲酸酯

有对羟基苯甲酸甲酯、对羟基苯甲酸丙酯、对羟基苯甲酸丁酯等几种名称。虽然是防腐剂中的一种，但是如果被添加在其他原料中则不会出现在成分表里。

● 美白成分

像维生素C诱导体（抗坏血酸磷酸酯镁等）或熊果苷等医药部外品指定的有效成分，如果其加入量为规定剂量的话，则会最先出现在成分表中。但即便是有效成分，在加入量少于规定剂量，或因生产商的意图而没有获得医药部外品认可的情况下，仍然会按照含量从多到少的顺序排列。

还要查找那些不熟悉的成分名称！

从2001年开始，日本规定化妆品必须具有"全成分标识"，使消费者从包装上也能够读取产品信息。虽然这些内容稍微有些专业，但记住的话也能够对我们有所帮助！

医药部外品
（普通美白美容液）的情况

药用美白美容液 40 mL ＜医药部外品＞

＜全成分表示＞アルブチン*、グリチルリチン酸2K*、水、BG、濃グリセリン、ホホバ油、1，2－ペンタンジオール、イソノナン酸イソノニル、ジメチコン、N－ラウロイル－L－グルタミン酸ジ（フィトステリル・ベヘニル・2－オクチルドデシル）、アクリル酸・メタクリル酸アルキル共重合体、POE硬化ヒマシ油、グリシン、ヒアルロン酸Na－2、ゲンチアナエキス、ウマスフィンゴ脂質、グルコシルルチン、ビタミンCテトラヘキシルデカン酸、シコンエキス、ミリスチン酸オクチルドデシル、アルギン酸Na、水添大豆リン脂質、アルギニン、酵母エキス－1、ビタミンCリン酸Mg、クレアチニン、カムカムエキス、アロエエキス－2、カッコンエキス、クロレラエキス、ポリペプタイド、アデノシン3リン酸2Na、D－マンニット、ピリドキシンHCl、RNA－1、ヒスチジンHCl、フェニルアラニン、チロシン、キサンタンガム、エデト酸塩、フェノキシエタノール、粘度調整剤、pH調整剤、香料

＊印は「有効成分」、無印は「その他成分」

解读要点

○ 有效成分会最先出现在成分表中，其他成分则与护肤品的规则相同

医药部外品会在成分表的最开始列出有效成分。图中的产品就是从作为美白有效成分的熊果苷，以及作为抗炎症的有效成分的甘草酸开始。有时还存在将有效成分与其他成分分开记载的情况。有效成分之后的成分排序和普通护肤品相同，含量在1%以上的成分按照剂量的从多到少的顺序排列，含量在1%以下的成分则不分先后。并且，虽然图中的产品含有维生素C诱导体——抗坏血酸磷酸酯镁，但因加入量的关系并不属于有效成分，所以作为其他成分之一来排列。这种含量较少的有效成分还包括与屏障机能相关的神经酰胺诱导体（马神经鞘胺类），以及黄龙胆根提取物等抗衰老成分。因为含有这些成分，这款产品除了具有美白功效外，还有保湿和抗衰老作用（画线处为美容成分）。

应该事先了解的成分 ❷

● 神经酰胺

作为保湿成分的神经酰胺除了可以被表示成神经酰胺Ⅰ型、神经酰胺Ⅲ型（NP）外，还可被表示为诱导体，如神经鞘脂类、马神经鞘脂类、脑苷脂类等。

● 羟基乙酸

即便观察去角质产品的成分表，也不会发现AHA或果酸等成分。这二者是同一类酸的总称，具体的名称应为羟基乙酸、乳酸、苹果酸，等等。

● 胶原蛋白

主要使用分子较小的加水分解胶原蛋白（渗透型胶原蛋白）、分子较大的水溶性胶原蛋白、不易使人过敏的缺端胶原这三者来表示。

● 醇类

作为保湿剂的凡士林、作为溶剂和收敛成分的乙醇、作为防腐剂的苯氧乙醇，以及作为抗氧化剂的BHT等成分皆为醇类。因此对于敏感肤质的人来说醇类可能较为刺激。

常识！

防腐剂是恶性物质？

人们认为防腐剂"会成为皮肤的负担"。确实，使用防腐剂会给人体带来影响，敏感肤质的人使用含防腐剂的护肤品可能会引发过敏，但涂抹在皮肤上基本不会引发其他问题。相反，不含防腐剂的护肤品则容易引发氧化等变质反应，这样才会给皮肤带来负担。

护肤产品的选择方法 Q&A

Q 护肤产品基本上由水构成是真的吗？

A 是真的。虽然浓厚的面霜使用的是大量的凡士林等保湿剂，还有用橙花纯露等纯植物成分替代水的化妆水，但只要检查成分表就会发现最先出现的成分几乎都为水。水作为溶解有效成分的主剂而被使用。由于水容易变质，单纯使用水的话化妆品会变质而无法保证产品质量。因此要添加防腐剂。

Q 矿物质护肤品对皮肤温和吗？

A 矿物质也就是矿物。作为添加物而被人讨厌的矿物油也是由矿物质产生的，矿物粉中使用的矿物——硅石也是作为添加物的硅油中的一种。虽然它们能够使化妆品更好地融入皮肤，但如果在卸妆和洁面的过程中没有彻底清洁，也会堵塞毛孔，引发痤疮和炎症。因此无法笼统地断言矿物质对皮肤好或不好。

Q 为什么在成分表中没有见过硅油这种成分？

A 之所以没有看到硅油的记载是因为硅在成分表中以聚二甲基硅氧烷、环聚二甲基硅氧烷、硅石来表示。不只是头发护理，在护肤品中也多使用这些成分。经常被视为"恶性物质"的硅油能够附着在头发表面，减少摩擦，让头发更加顺滑，能够让护肤品更好地融入皮肤。只要认真清洗掉就没有问题。最近流行的无硅油产品则使用了油来代替硅。

Q 皮肤脆弱、敏感的人应该注意的刺激性强的成分是什么？

A 应该注意的成分是高分子表面活性剂和紫外线吸收剂。表面活性剂是为了将水、油混合并乳化而添加的物质，可以使用在乳液、面霜、黏稠的化妆水、洁面产品，以及卸妆产品中。虽然甲基椰油酰基牛磺酸等氨基酸系的物质对皮肤较为温和，但需要注意月桂醇硫酸酯钠、丙烯酸、阳离子系的高分子合成系。并且，紫外线吸收剂也会在皮肤上产生化学反应，引起刺激。皮肤脆弱的人应该选择不使用含有吸收剂的产品，或是选择含有吸收剂但刺激性低的产品。

有机护肤品是安全的吗?

一直备受欢迎的有机护肤品其实也有很多被误解的地方!
在认真理解其优点和缺点的基础上,掌握正确选择有机护肤品的秘诀吧。

优点

● 效果卓越

● 具有天然的安全性

● 不含有化学成分
（需要确认成分表）

● 对环境温和的产品较多

● 香味自然

缺点

● 无法长期保存

● 有时刺激性也会较强

● 有时不适合某些肤质使用

● 产品标准不明确,也存在
只含有少量有效成分却声
称是有机护肤品的情况

Organic 这个词就是"有机"的意思。一般来讲,"有机"是指不依赖农药或化学肥料而生产农作物的耕作方法。由于有机培植的植物活性较强,因此从这类植物中提取出的成分具有强大功效。这些成分可能会给人一种"纯天然、温和"的印象,但实际上它们的效果十分强劲,皮肤脆弱的人使用的话会难以忍受刺激,从而引发皮肤问题。还有一点需要大家注意的是"ECOCERT（欧盟有机认证）""COSMEBIO（法国生态及有机保养品认证组织）"等认证制度。这些机构并不能保证有机护肤品对于皮肤来说是安全的,它们只是对植物的栽培方法进行认证的组织。即便是经过认证的有机原料,也会有经过化学处理的情况。并且,在日本并没有特殊的规制,只含有少量有机成分的产品也可以声称是"有机护肤品"。过于追求成分,导致产品延展性较差、较黏稠而用起来不方便,这种情况也时有发生。事实上,如果你无法判断有机护肤品是否适合自己的皮肤,那么使用有机护肤品会较为鸡肋。

"无添加""自然派""纯天然"和"有机"的不同

有很多产品的说法十分相像,容易让人产生混乱,但每一种说法的意义都完全不同。首先,"无添加"按其字面含义,是指未含有防腐剂、合成系的表面活性剂、矿物油、染色剂、香精等添加物的产品。由于不含有防腐剂,在开封后应该尽早使用完毕。"自然派"这个词则多用于富含植物、动物、海泥等自然界中的天然原料的护肤品。这些产品都被称为纯天然护肤品,有机护肤品也被包含于其中。

CLINIC

美容诊所能做到的事

- 什么是美容诊所?
- 什么时候需要去美容诊所?
- 如何有效利用美容诊所?

想要皮肤更加美丽,可以有效利用美容诊所。

了解美容诊所之间的不同

皮肤科

基本上是在日本医疗保险范围内解决皮肤问题，并非以追求美为目的

　　皮肤科是治疗发痒、溃烂、湿疹、痤疮、皮肤粗糙、痣、疣、脚癣等皮肤疾患或疾病的地方。因为这些治疗项目都涵盖在日本医疗保险中，所以以内服药和外用药的处方为中心，不花钱就可以解决皮肤问题。但是，皮肤科只是在有疾患的前提下，以治疗疾病为目的，至于治疗后的皮肤看起来漂亮与否则不在皮肤科的考虑范围内。其中也有自费治疗，加入了各种诊疗项目，但使用的药物和治疗方法都十分有限。并且，无法满足提升肤质和使人变得年轻等额外需求。

美容外科

以消除自卑感为目的。通过高难度和昂贵的手术来重新塑造面部和身体

　　美容外科并不能够改善肤质，它以修复面部轮廓和身体线条等"形状"为主要目的。具体为垫高鼻子，将单眼皮或内双眼皮整形为双眼皮，开眼角以使眼睛看起来更大，让下巴变尖，吸脂，隆胸，等等。也有一些可以通过注射玻尿酸和肉毒杆菌等注射物质解决的问题，但大部分需要外科手术，术后的恢复也在治疗的范围内。由于手术后到消除红肿这一段时间（即修复阶段）较长，所以自费医疗往往十分昂贵，而这也是美容外科的缺点。

美容皮肤科

从改善皮肤问题到美肤，甚至能够帮助你重返年轻，但是也会导致高额支出

　　皮肤科只以治愈疾病为目的，但美容皮肤科却能够让皮肤变得更好，甚至帮助你重返年轻，为了达到让皮肤变得更加美丽的目的，医师能够提供多种不同方案，这也是美容皮肤科的特征。对于患者来说，针对不同目的，选择使用最先进的相应器材进行手术也十分具有吸引力，此外还能够进行玻尿酸注射和肉毒杆菌注射。当然，这里也能够治疗痤疮和皮肤粗糙，但这些就不在医疗保险的范围内了。美容皮肤科的缺点就是自费医疗带来的高额治疗费用。其中费用在几万到几十万日元的手术较多，应该事先和美容诊所确认费用。

常识！

"美容诊所"和"美容沙龙"的区别是什么？

　　能否实施医疗行为是这两者最大的不同之处。在美容诊所我们能够接受有效的治疗，并且能够迅速感受到治疗效果。并且，在遇到皮肤问题时，医师会提供适合的治疗方案。而在美容沙龙中则无法获得和美容诊所一样的巨大效果，但其费用也比美容诊所低。因此去美容沙龙应该以放松为目的，而不是期待能够立即看到美容效果。

美容诊所的利用方法

□ 在网页上比较并研究不同的诊所

□ 不要只因为价格就选择一家诊所

□ 选择能在自己完全理解之前耐心
　说明的医师

□ 询问优点和缺点

□ 如果被推荐一些自己不希望、
　不需要的项目，应该有拒绝的勇气

□ 在手术期间，要先询问整体的价格

□ 不要选择强行推荐护肤品和药物的诊所

　　一听到美容诊所，或许很多人都会有"虽然有兴趣，但也有些抵触和不安"的心理。正因为美容诊所可以提供有效的治疗，能够改变肤质、面部轮廓，甚至"面部年龄"，所以我们才应该事先确认该诊所是否能够理解我们所表达的需求，是否符合我们的审美，以及手术有怎样的危险等事项。事前做好充分的调查，认真咨询，如果不能完全认可对方，则要有去其他诊所寻求第二意见的勇气，严禁妥协。并且，在金钱方面容易出现纠纷也是事实。所以向医师说明自己的预算，在资金允许的范围内商量手术是最好的做法。

例 "出现痤疮" 优点 & 缺点

❶ 自己护理

在家中能够进行护理，但改善进展缓慢，担心出现痘印

　　自己护理就是将普通护肤品替换成痤疮用的护肤品。虽然不会花费大量的时间和精力，但是效果不太明显，到完全改善需要花费一定时间。有时也会留下痘印。

❷ 皮肤科

不花钱，轻松治愈！不包括去除痘印

　　由于皮肤科在日本医疗保险的范围内，因此不仅花费少，还能够快速治愈。但是，去除痘印则不在皮肤科的治疗范围内，这可能会引发色素沉着或凹痕。

❸ 美容皮肤科

重获毫无印记的完美皮肤，但高额的治疗费用是关键

　　能够不留下痕迹地完美地治愈痤疮是美容皮肤科的优势。但缺点是美容皮肤科属于自费医疗，费用相对较高。

如何采取医疗美容？

想要获得健康的皮肤

- ☐ 想要尽早治愈痤疮
- ☐ 想要去除痤疮印记
- ☐ 想要改善肤质
- ☐ 想要去除色斑

医疗美容的目的之一便是治愈现有的皮肤问题，让皮肤重返健康的状态。虽然普通的皮肤科也能够治愈一些皮肤问题，但除了治愈皮肤问题外，跟踪观察治愈后的皮肤状态是医疗美容的魅力所在。并且，暗沉、黑头等在皮肤科无法得到解决的问题，也能够通过医疗美容得到解决。强脉冲光、激光治疗、导入、美容点滴、保健品等各种项目都是医师为了患者获得美丽肌肤所提供的各种方案。

想要变得更年轻

- ☐ 想要去除皱纹
- ☐ 想要应对下垂
- ☐ 想要生发

和一般的皮肤科大为不同，医疗美容所特有的目的是"重返年轻"。它会针对因年龄的增长或紫外线所引发的皮肤老化问题而采取措施，阻止皱纹、下垂、发量稀少等问题的加剧。但是，医疗美容需要接受多次手术，直到你真正感受到重返年轻为止，其间要花费数月到数年不等，有时手术效果也只是暂时的。由于需要定期重复手术，费用也十分高昂。所以需要从长远的角度来看待医疗美容。

出现色斑用激光便能够去除？

"激光能够去除色斑"已经不再是什么新奇的事情了。或许很多人都持有"虽然对医疗美容有些抵触，但是想去除色斑"的想法。的确，色斑能够通过激光治愈，但治疗后的术后护理也十分重要。激光去除的只是出现在皮肤表面的黑色素。如果不坚持认真护理，在相同的部位可能会再次出现色斑。每天认真采取防紫外线对策，持续使用美白化妆品是十分必要的。在进行激光治疗后，坚持每天的术后护理，才能够彻底告别色斑。

过度依赖医疗美容是不可取的，日常护理也十分重要。

想要获得健康的皮肤 方法示例

烦恼┃想要快速治愈痤疮

方法 ❶ 去角质 　使用羟基乙酸、水杨酸等 BHA 是常规治疗手法。涂抹液态或霜状的酸让角质层溶解，待二者中和后擦拭掉。**疼痛程度**：无。但有时可能会感到刺痛。**恢复时间**：无。可以立即化妆。**费用标准**：面部整体需6000～1万6千日元。**治疗期限**：一个月以上。

❷ LED 照射 　用蓝光照射皮肤，杀灭引起炎症性感染的痤疮丙酸杆菌。**疼痛程度**：无。只是稍微感受温度的程度。**恢复时间**：无。手术后可以立即化妆。**费用标准**：面部整体需1000～5000日元。**治疗期限**：因人而异。由于作用温和，可能会花费几个月。

❸ 维生素 C 导入 　将维生素 C 的成分转化成离子，并将这种能够直达皮肤深处的离子导入，用电极在皮肤上开孔，直接传递成分的电穿孔法。根据症状也可以导入胶原蛋白和玻尿酸。**疼痛程度**：无。**恢复时间**：无。**费用标准**：面部整体需5000～1万日元。**治疗期限**：1个月以上。

❹ 其他

在日本，普通皮肤科的医疗保险范围内治疗痤疮的话，基本上就是服用内服药或外用药。而美容皮肤科则会使用 AHA 等酸来去角质，让角质溶解，等皮肤变得光滑后擦拭。这是为了清理毛孔堵塞，从而达到改善痤疮的目的。但是，只做一次的话无法看到巨大的效果，需要多次进行。同时，也可以多结合能够调节皮脂平衡以及预防色素沉积的维生素 C 导入进行治疗。虽然 LED 照射也有效果，但改善速度较慢。除此之外，医师也可能会提出使用外用药或诊所的处方护肤品进行护理，其中经常采取的是视黄醇疗法。开始这项治疗后，皮肤会发红、脱皮，两个月左右痤疮就会得到改善。这种疗法能够促进新陈代谢，让表皮变厚，在打造不容易出现问题的皮肤的同时，抑制炎症，预防色素沉积。

烦恼┃想要去除痘印

方法 ❶ 点阵激光 　飞梭镭射或铒激光。使用激光或针尖，给真皮层造成损伤，从而促进皮肤再生。通过这种方法改善皮肤上的凹凸不平。**疼痛程度**：很痛。**恢复时间**：2天～1周。**费用标准**：面部整体需2万～10万日元。**治疗期限**：每隔1个月接受4次治疗，一个疗程为三个月。

❷ 微针 　使用带有针的滚轮在皮肤上开孔，然后再涂抹能够促进细胞再生的 GF 等液剂，促进真皮的再生。**疼痛程度**：很痛。**恢复时间**：2天～1周。**费用标准**：面部整体需4万～5万日元。**治疗期限**：每隔一个月接受四次治疗，一个疗程为三个月。

❸ 碳激疗法（carbon peeling） 　在皮肤上涂抹碳粒子，再用激光照射，深入毛孔中的碳的黑色会对激光产生反应。这种疗法先给真皮层带来创伤然后再促进其再生，能够去除老化角质，让皮肤变得光滑。**疼痛程度**：痛。对热度也会有反应。**恢复时间**：3天。**费用标准**：面部整体需4万～6万日元。**治疗期限**：三个月以上。

❹ 其他

痘印问题包括凹凸不平的问题，以及色素沉积和泛红等皮肤颜色这两类问题。其中较为严重的是凹凸问题。这时需要进行能够直达真皮层的手术，让凹陷部分的皮肤变得平整。具有代表性的就是点阵激光或微针。这些疗法具有疼痛程度较强、皮肤泛红、术后无法立即化妆等缺点。但这类手术的改善效果非常好，只要接受四次左右的治疗就能够让皮肤重获新生，变得平整。其次最具效果的则是碳激疗法。虽然会感受到"热痛"，但还在能够忍受的范围内。与前面两种方法相比，效果较弱，从开始治疗到完全改善需要花费一定的时间。在普通皮肤科中可能会使用去角质疗法，但并没有较好的效果。而对于色素沉积或皮肤泛红，光子嫩肤则十分有效。具体内容可参照203页。

烦恼 ┃ 想要改善肤质

方法 ❶ 光子嫩肤

用各种波长的光照射皮肤表面，改善表皮和真皮层的皮肤问题。**疼痛程度：**稍稍感到疼痛。**恢复时间：**几乎没有。可以立即化妆。**费用标准：**面部整体需8500～4万日元。**治疗期限：**因问题严重程度而有所不同。暗沉经过一次治疗就能够得到大幅改善。

❷ 其他

很在意暗沉，也很在意泛红，有皱纹或毛孔等多种皮肤问题的人可以考虑接受光子嫩肤治疗。其原理是用光照射皮肤表面，光的波长可以从表皮作用到真皮。如果出现泛红、色素沉积、肤色不均、失去弹力等多种问题，还可以选择接受综合光治疗和高周波的 E 光美容。这些治疗只会使人产生轻微的疼痛感，对于初次接触医疗美容的人来说也十分易于接受。皮肤干燥或皮肤状态较差的人则可以导入保湿因子或生长因子（GF）。

烦恼 ┃ 想要去除色斑

方法 激光

在治疗色斑时使用的激光主要为 YAG 激光和红宝石激光这两类。作用较强的为红宝石激光。**疼痛程度：**痛。**恢复时间：**有。术后两周内需要涂抹抑制炎症的药物，用绷带保护皮肤。**费用标准：**一个部位需3000～1万日元。**治疗期限：**一次即可完成。

在治疗色斑时使用的激光主要为 YAG 激光和红宝石激光，这两种激光的波长也有所不同。红宝石激光能够集中地照射皮肤且穿透性较强，对颜色较深的色斑，以及被称为 ADM 的真皮层中的色斑都十分有效。与之相对，YAG 激光的通用性较高，除治疗色斑外，还可以通过调整激光强度改善肤色不均，让皮肤的色调变得均匀。通过激光还能够治疗难以去除的黄褐斑。只要用 YAG 激光或红宝石激光照射一次色斑，就能够去除，但照射后表皮的一部分会剥离，因此皮肤容易受到紫外线的影响，可能会再次引发色斑。所以有必要使用绷带保护患处，涂抹处方药，认真进行防紫外线对策。除此之外，也可以使用红光 LED 或变石激光（alexandrite laser）。

关于脱毛治疗的最新信息

了解美容诊所的优点，灵活利用！

应该在诊所进行脱毛

为了实现永久性脱毛，很多人都会去美容沙龙或美容诊所。虽然可能有人认为这两者相同，但美容沙龙和美容诊所是完全不同的场所。美容诊所会使用医用激光或光治疗仪器。这类治疗会直接作用于毛根，防止新的毛发生长。而美容沙龙则使用光治疗仪器，与医用仪器相比，其输出功率更低，而效果也较弱。并且，还可能会发生灼伤等问题，或者是虽然购买了多次服务，却经常难以预约，这些情况也要特别注意。

想要变得更年轻 方法示例

烦恼 | 想要去除皱纹

方法 **❶ 肉毒杆菌**

通过注射能够阻止肌肉活动的肉毒杆菌毒素，来防止表情皱纹的产生。**疼痛程度**：需要使用外敷麻药。注射并不痛，但液体在进入体内时会使人感受到疼痛。**恢复时间**：无。**费用标准**：眉间和眼角等部位，每处需5000～6万日元。**治疗期限**：一次即可完成。

❷ 透明质酸

在凹陷部位不饱满的部位进行精细注射，注入透明质酸来填充沟纹。**疼痛程度**：需要使用外敷麻药。液体在进入体内时会使人感受到疼痛。**恢复时间**：无。**费用标准**：眼周部位每处需4万～9万日元。**治疗期限**：一次即可完成。

❸ 其他

典型的改善皱纹的方法有两种，一种为肉毒杆菌。在皱纹周围的肌肉中注射肉毒杆菌毒素，从而麻痹能够支配表情肌肉运动的神经，让其无法运动，这样表情皱纹就难以出现。这种方法对眉间、额头、眼角处的皱纹都十分有效；在面部轮廓线处注射肉毒杆菌，下颌肌肉的发育就会受到抑制，因此可以改善下颌线，达到瘦脸的效果；在腋下注射则能够麻痹与汗液分泌有关的肌肉神经，抑制出汗。而另一种则是透明质酸。将透明质酸注射在皱纹或法令纹处，用物理式的方法填充沟壑，让皱纹变得不再明显。另外还可以选择中胚层疗法，对整个面部进行少量注射，这样能够让萎缩的皮肤变得饱满。并且，在鼻子和下巴处注射溶脂针，还能够改变脸形。除此之外，还能够通过视黄酸让表皮变厚，显得更加饱满，从而达到改善细小皱纹的效果。

烦恼 | 想要消除下垂

方法 **❶ 光子嫩肤**

用各种波长的光照射皮肤表面，改善表皮和真皮层的皮肤问题。**疼痛程度**：稍稍感到疼痛。**恢复时间**：几乎没有。可以立即化妆。**费用标准**：面部整体需8500～4万日元。**治疗期限**：治疗一次就会看到效果。建议每个月进行手术。

❷ 高周波

通过能够直达真皮深处的高周波，用热能让皮肤变得紧致，改善下垂。代表性的高周波为reform和热玛吉（thermaCool）。**疼痛程度**：痛。与reform相比，热玛吉更痛。**恢复时间**：无。**费用标准**：面部整体需4万～45万日元。**治疗期限**：治疗一次就会看到效果。

❸ 超声波

通过将能量集中于脂肪层和肌肉，从深层收缩皮肤。超声刀就是其中的代表，其作为不开刀手术而受到关注。**疼痛程度**：非常痛。**恢复时间**：几乎没有。可以立即化妆。**费用标准**：面部整体需30万～40万日元。**治疗期限**：治疗一次就会看到效果。

❹ 其他

针对下垂，选择用仪器照射的方式会非常有效。在治疗初期推荐选择光子嫩肤。价格较为合适，也不会使人感到过于疼痛。如果发现脸部有些下垂则需要选择高周波。高周波仪器有100多种，每一种仪器的效果也各有不同。一般来讲，费用较高的仪器的效果较好，高周波中效果最好的、能够直达脂肪层的则是"热玛吉（thermaCool）"。虽然存在个体差异，但一次手术就能够维持半年效果。更加有效的则是"超声波"。它能够直达脂肪层和肌肉，从皮肤的根基处进行提拉。虽然接受治疗的人可能会痛得出冷汗，但效果较好，维持的时间也较长。有些诊所可以提供"光子嫩肤+高周波"，或是"高周波+超声波"这种组合项目，都可以获得更好的效果。

疼痛程度：以接受治疗的人的意见为基础，对疼痛的感受每个人都不同，因此仅作为参考。**恢复时间**：是指治疗后红肿、疼痛持续的时长。**费用标准**：本书中标明了各种疗法的平均价格，但是不同诊所的价格也有所不同，并不是价格高就好，价格低则不好。**治疗期限**：治疗并不是一次就能完成的。本书记录了切实感受到效果之前的平均时间。

烦恼 | 想要生发

方法 **❶** 生发中胚层疗法

在头皮处进行精细注射，在毛根处直接注入生长因子（GF）或米诺地尔等有效的生发成分。**疼痛程度**：注射时会感到痛。**恢复时间**：无。**费用标准**：3万～8万日元。**治疗期限**：存在个体差异，需要每隔两周进行数次手术。

❷ 其他

或许很多人都认为发量稀薄或脱发是男性特有的烦恼，但最近女性中有这种烦恼的人也在不断增加。伴随着这种现象，美容诊所也开始提供面向女性的生发项目和针对发量稀薄的治疗。美容诊所中的生发治疗的优点就是它可以提供适合每个人情况的治疗方案。医师使用显微镜仔细检查头皮后，根据需要会再度对头发进行矿物质检查。开出适合个人的内服药或外用药的处方。并且，还会通过电穿孔等导入仪器或中胚层疗法等注射方法，直接向毛根注入生发治疗药或是有助于生发、养发的成分，这也是只有美容诊所才能提供的手术。与自行护理相比，美容诊所能够更加快速、有效地改善发量稀少的问题。

因为对其一无所知，所以想要问

关于医疗美容的 Q&A

Q 能够维持多久的效果？

A 如果接受的是开刀、削骨等真正的手术，则手术的效果为半永久，而除此之外的手术的效果基本都是有限的。每个人的情况都有所不同，就注射治疗而言，肉毒杆菌的有效期为四个月，透明质酸则为半年。就使用仪器的手术而言，光治疗的有效期为一个月左右，高周波则为一个月至半年。其中效果最好的热玛吉有时能维持一年。并且，使用超声波仪器的话，其维持效果的期限则以年来计算。虽然会花费一定的费用，但只要定期接受手术就能够维持当前的状态。

Q 是否应该一直在同一家诊所接受治疗？

A 如果在接受医疗美容后出现了一些皮肤问题，你可能会认为这家诊所"不可靠"而选择其他诊所，这样做的人不在少数。但现实是医疗美容虽然是有效的，但同时也会引发一些皮肤问题，抱有这样的观点才是正确的。只有清楚地知道进行了何种治疗以及如何进行治疗，才能够采取适当的对策，所以应该在之前进行手术的诊所中再度接受治疗。但如果还是没有感受到诊所在治疗皮肤问题方面的诚意，或是无法接受其对待这种状况的态度，那么可以考虑其他诊所。

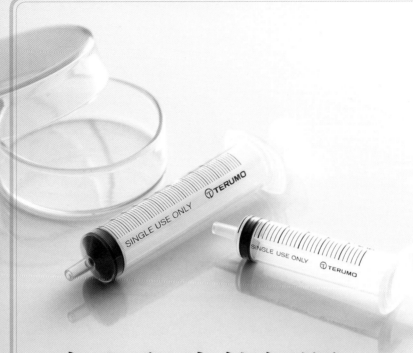

衰老和遗传问题

皮肤和遗传基因的关系变得越来越清晰。
遗传基因能够左右肤质和老化信号！

　　对于自己能够活到多少岁（或者说寿命几何），遗传因素的影响
占25%～30%，但同时还有很多未知因素。而关于皮肤的老化，在
"老化从几岁开始""老化在以什么速度进行"等问题中，遗传究竟占
多大比例，二者究竟有什么样的关系还尚未明确。

　　另一方面，与皮肤的遗传基因有关的研究在不断发展，通过调
查分析，我们可以了解到特定个体身上容易出现的问题，以及是否容
易出现衰老信号。

　　与肤质相关的遗传基因有数十个，其中关联较大的基因有六
种，包括：①胶原酶（MMP1基因）；②刺鼠信号蛋白（ASIP基

因）；③丝聚蛋白基因（Filaggrin 基因）；④鞘磷脂基因（sphingo）；⑤超氧化物歧化酶2（SOD2基因）；⑥人谷胱甘肽过氧化酶（GPX1）。顾名思义，①为支配胶原蛋白重生的基因，②为调控黑色素生成的基因，③和④为关乎表皮的屏障机能和保湿机能的基因，⑤和⑥则能够左右去除活性氧的能力。通过解读这些基因信息，我们能够明确得出"容易出现色斑的肤质""难以出现皱纹的肤质"等个人皮肤特征。有的化妆品牌还能够根据测试结果来提供护理方案。

因为每一个遗传基因都是从父亲或母亲那里获得的，所以孩子究竟是像父亲还是像母亲就可以根据哪一方的基因占比大来确定。虽然在①方面与父亲很像，但是在其他方面几乎都像母亲，那么就可以说这个孩子的肤质是由母亲的基因决定的。

但是，在遗传基因方面还有尚未明确的事项，关于遗传基因的解读方法每年也都有所不同。因此，上述内容也只是当前对遗传基因的解读。并且，和前文中多次提到的一样，衰老的八成原因在于紫外线。除此之外，环境和饮食生活等生活方式、日常的护理等后天因素也和衰老有着很大的关系。不要因为父母的肤质很好就不担心自己会有皮肤问题，相反，也不要因为皱纹和下垂十分严重就放弃治疗，认真护理皮肤是孕育和保持健康的皮肤所必需的。

什么是"基因测试"？

基因分为很多种类，从全面检查是否容易患有癌症或生活习惯病，到对肤质和肥胖进行简单检查。前者主要是在专业的抗老化诊所中进行，之后检查结果被送往遗传基因的研究所进行分析，最后得到详细的报告书，其费用也十分高昂。后者为简单的测试，它能够在美容诊所或化妆品企业处进行。用专业的用具获取唾液和角质就能够得到结果，价格适中，但在准确性方面仍存在争议。

护肤 & 营养问题

Q 护肤品的"保质期"
为多久？

A 护肤类化妆品和彩妆类产品在未开封的情况下，保质期基本为3年。无添加和不含防腐剂的产品的保质期有时可能不到三年，需要检查包装上标注的使用期限。开封后，直接接触皮肤和唇部的护肤品、粉底、口红等产品的使用期限为半年，其他的彩妆产品应以一年为使用期限。超过这个时间的话，细菌会不断繁殖，因温度变化或氧化而导致产品变质的可能性较高，产品也可能会出现有奇怪的气味、变色等现象，这就是所谓的"腐败"状态。如果在使用期限内产品也出现了有气味、变色等现象，就应该立即停止使用。

Q 护肤品是否应该全部使用
相同品牌？

A 是否应该购买从卸妆产品到面霜的同一品牌的全线产品，这个问题令很多人感到困惑。同一品牌的产品通常含有相同成分，并且设计大多基于乘法效应，若在包装上写有"推荐和××一同使用"的字样，那么使用同一品牌的产品较好。但是，并不是说不使用同一品牌的产品就无法获得相同的效果，比如美容液有美白功效，面霜有防止下垂等功效，因此根据产品选择不同品牌的优点就在于，这样能够同时解决多种皮肤问题。基本上，组合使用不同品牌的产品时，各种成分并不会发生冲突，也不会引发皮肤问题。

Q 面对初次使用的化妆品时
应该注意什么？

A 在恰当的时间、恰当的皮肤状态下开始使用化妆品是非常重要的，经期前皮肤过于干燥，因睡眠不足而导致皮肤出现问题……在皮肤状态不好的时候开始使用，就会很容易引发皮肤问题。所以应该在皮肤状态良好的时候开始使用。并且，在替换多种产品时，基本上一次全部替换即可，但对于那些曾因化妆品而出现红肿的皮肤脆弱的人，则应该逐个替换。这样才能够找出引发皮肤问题的原因。

Q 去年开封的防晒产品，是
否今年就失去了功效？

A 防晒产品和护肤品相同，开封后应以半年为基准使用完毕。因为防晒类产品具有因温度变化和氧化而产生分解的性质，所以有时也可能无法发挥隔绝UV的作用，或是由于对皮肤的刺激较强而引发皮肤问题。虽然还有残留，丢掉十分可惜，但每个季节都购买新的防晒产品才是最好的做法。

Q&A 【护肤篇】

Q 使用的化妆品的价格是否越高越好?

A 在选择化妆品时最重要的一点就是:比起价格,更要认清现在自己的皮肤最需要什么。并且,为了获得理想的肤质,该化妆品中是否含有必要的成分,以及是否适合自己的肤质才是我们需要优先考虑的问题。那些超过5万日元(约3150人民币)或10万日元(约6300人民币)的十分昂贵的化妆品中,会添加昂贵的美容成分,但是不要忘记价格也包含了包装费和广告宣传费等费用。在药妆店等地方贩卖的"平价化妆品"中也有很多优秀的产品。虽然其中也存在质地和渗透效果较为一般的产品,但可以选择那些成分已经受多年考验的产品。总之,价格并不完全等于效果。

正确的选择方法&使用方法能够预防皮肤问题!

Q 年轻时就使用昂贵的化妆品,皮肤就会变得娇贵吗?

A 并不存在使用昂贵的化妆品,皮肤就会变得娇贵的现象。使用不符合自己年龄的化妆品的话,则会容易导致水油不平衡,出现皮肤问题,无法获得令人满意的效果。例如,在20岁左右使用专业的抗老化产品的话,皮肤就会因油分过多而出现痤疮。并且,30岁左右的人使用针对20岁人的产品,就会因油分不足而导致皮肤干燥,无法获得理想的效果。是否适合自己的皮肤状态才是最重要的问题,并不用过度拘泥于价格和产品所建议的使用人群的年龄。

Q 化妆品的说明书中所说的"不适合皮肤的情况"具体是指什么?

A 出现发红、肿胀、发痒、湿疹、刺痛等状态就是皮肤不适的信号。如果只是在涂抹的瞬间出现稍稍的刺痛感,皮肤有时候可能也不会出现问题,但如果感到持续刺痛而皮肤发红,则要停止使用。或许有人以为刺痛表示化妆品"正在起作用",这种想法是错误的。正确的做法应该是立即停止使用。如果停止使用后,皮肤状态也没有改善,那么这时应该立即去皮肤科或美容皮肤科就诊。

209

护肤 & 营养问题的 Q&A【护肤篇】

Q "皮肤断食"对皮肤有益是真的吗?

A "皮肤断食"是指在洁面后,不进行任何后续护理并坚持数日的做法。虽然这种方法据说能够激发皮肤原本的力量,但其实并没有任何科学依据。然而,在出现难以治愈的皮肤问题时,考虑到有可能是因为护理过度或化妆品不适合,就需要暂时停止护理。除这种情况外很难想象不使用化妆品能够让皮肤变得更好。如果想要了解自己的皮肤类型,可以尝试一次。这能够帮助检查你的皮肤是否易于干燥,或是否容易分泌皮脂。

Q 是否能够在不卸妆的情况下直接入睡?

A 或许有人声称粉底、BB 霜,或其他彩妆产品"停留在皮肤上,会对皮肤更好",但基本上回答都是"NO!"因为,夜晚是修复白天受到的皮肤损伤、产生新细胞的时间,在这段时间内应该让皮肤保持干净的状态。空气中的污染物或环境污染物质会附着在皮肤上,再加上氧化的彩妆,决不能称这种皮肤状态为干净的状态。睡觉时皮肤会分泌大量的汗液和皮脂,彩妆残留在皮肤上,会引发痤疮等皮肤问题,或是阻碍正常的分泌,加剧皮肤干燥。所以在睡前一定要卸妆并洁面,让皮肤重回干净的状态。

Q 加热化妆品能够提高使用效果?

A 在没有特别说明的情况下,常温使用是基础。加热的话会加速化妆品中含有的有效成分等的氧化。如果想要加热,可以在使用前用双手包住化妆品,让其达到体温的程度即可。并且,有人可能会认为将化妆品放入冰箱冷藏能够让化妆品发挥收缩皮肤的效果,但如果化妆品中含有高浓度的成分,过度冷藏反而可能会让成分凝固而沉淀。将化妆品放置在避免阳光直射、没有温度变化的地方才是最佳的保管方式。

不要被各类信息迷惑,应该忠于护肤的基础知识。

Q 是否应该戒烟?

A 无论怎样坚持进行护理, 只要吸烟就会前功尽弃。正如18页中提到的那样, 香烟的烟灰会导致活性氧的产生, 白白地消耗美丽肌肤所必需的维生素 C。并且, 香烟会收缩血管, 导致营养无法在全身循环, 也会阻碍受到损伤的细胞的修复, 以及健康细胞的培育。

Q 为什么在长期睡眠不足的情况下, 皮肤的状态会变差?

A 人类的身体构造决定了人类在睡眠时能修复白天因紫外线产生的损伤。并且, 培育新细胞所必需的成长激素只有在睡眠有规律的情况下才能够正常分泌。睡眠不足, 身体就会处于无法彻底修复受损细胞且无法培育新细胞的状态, 身体和皮肤都会变得十分糟糕。正如17页提到的那样, 睡眠不足是皮肤的大敌!

Q 过度使用智能手机会导致皮肤下垂是真的吗?

A 我们或许听过"一直低头看手机, 皮肤会受到重力的影响而下垂……"这样的说法, 但这并不是真的。但是, 一直保持向下看的姿势的话, 颈部和肩部会产生酸痛且血液不流通, 从而无法向面部输送足够的营养。并且, 蓝光会引发眼部疲劳, 同时刺激交感神经, 这可能会导致睡眠质量下降。其结果就是皮肤的状态变差, 出现下垂也在情理之中。因此在坚持基础护理的同时, 要注意不要过度使用智能手机。

Q 为何在花粉症的高发时期皮肤会发痒?

A 花粉症是人体对花粉发生了过敏反应并产生炎症的状态。也就是说, 因为花粉的关系, 人体调动了自身的免疫机能, 而对于皮肤的免疫机能就会变得相对薄弱, 屏障机能下降。这样一来, 那些平时能够隔绝的刺激也会引发皮肤产生过敏反应、发痒等皮肤问题。原本皮肤就过度干燥的人的皮肤会更加容易发痒, 这一点要格外注意。在彻底进行保湿护理、调节皮肤的屏障机能的同时, 还可以摄取乳酸菌保健品, 提升体内的免疫能力, 这样做才更加有效。

护肤 & 营养问题

Q 可以不吃早饭吗?

A 一定要吃早饭。人类所拥有的生物钟会通过沐浴早上的阳光以及吃早饭而得到重置。为了向肠道传达"到早上了"的信号以促进排便,吃早饭也是有效的方式。只吃面包或米饭等碳水化合物无法唤醒身体。还要同时摄取蛋类和纳豆等蛋白质食物。不吃早饭的话,到了中午人就会大量进食,一天中的血糖值也会容易上升。而且还会变为易胖体质,以及引发让皮肤提前衰老的糖化。

Q 空腹时是否可以吃零食?

A 零食本来是作为"辅食",是指能够补充一日三餐所不能提供的营养量的食物,而不是指摄取甜品等较甜的食物。在空腹时应该积极摄取现代女性容易缺乏的蛋白质、铁、锌、膳食纤维等物质。还可以摄取酸奶、坚果类,以及用豆乳或脱脂奶冲调富含膳食纤维和矿物质的可可。还可以选择小鱼干、黑巧克力、西梅等食物。

Q 早餐、午餐、晚餐应该以怎样的营养比例来摄取?

A 想要保持健康的身体和皮肤,需要维持一定量的肌肉。因此,20~30岁的女性每天需要摄取的热量在1800 kcal以上。但是,现代女性对热量的平均摄取量仅在1600 kcal左右。如果热量的摄取量连续二个月都处于较低状态,肌肉量就会倒退五年,新陈代谢也会变差,容易出现浮肿。首先,要认真摄取早餐、午餐、晚餐。如果在减肥或美容期间,则摄取量标准应该是:早餐在400 kcal左右,午餐为了补足白天的能量则要在700 kcal左右,而晚餐应该在600 kcal左右。余下的200 kcal用零食补充。

Q 想要知道有哪些好的蛋白质的摄取方法!

A 一天中人体每千克体重需要1.14 g的蛋白质摄入量。但是,即使摄取了100 g的肉类和鱼类,其中所含有的蛋白质的量也仅有20%~30%。因为一天中需要摄取大量的蛋白质,所以,每一餐都要注意摄取足够量的蛋白质。并且,为了避免营养不均衡,不但要选择肉类、鱼类、蛋类、大豆等食物,每餐都准备不同的主菜也十分重要。午餐为鱼类,晚餐则可以食用肉类,像这样均衡地摄取蛋白质吧。

Q&A【营养篇】

Q 是否摄取保健品会更好?

A 首先应该重新审视自己的饮食生活。即便想要通过饮食来努力摄取营养,也会有容易缺乏的营养素。可以通过保健品来补充日本女性容易缺乏的铁、锌、叶酸、维生素 D 等物质。比起只摄取单一的物质,综合摄取复合维生素或复合矿物质等保健品更容易获得相应的效果。也有研究数据表明,摄取含有铁和叶酸的复合维生素或复合矿物质的女性不易患有排卵障碍。

Q 是否有能使人变得美丽的饮食窍门?

A 乳制品中含有乳糖,为了消化吸收乳糖需要乳糖酶。在以母乳为食的婴儿时期,任何人的体内都会存在这种酶,而离乳后这种酶的合成就会停止。在成年后的日本人中体内含有这种酶的人比欧美人少。所以,有时喝牛奶后会腹中作响,过度摄取的话还会出现过敏反应。但是,酸奶和奶酪因发酵而减少了乳糖的含有量,如果想要摄取乳制品则可以选择这两种食物。

Q 是否有能使人变得美丽的饮食窍门?

A 刚开始吃饭时要摄取富含膳食纤维的蔬菜——这种"蔬菜优先"的饮食习惯具有抑制糖分吸收和血糖值急速上升的作用。这种饮食方式也作为"不发胖的饮食方式"而受到大家的广泛关注。现今,最受关注的饮食窍门则是"牛油果优先"。牛油果中膳食纤维的含有量极其丰富。并且,牛油果中含有优质的必需脂肪酸,能够提升对后续摄取的营养的吸收,可谓是食物界的推助器! 特别是它能够帮助你直接吸收胡萝卜素、番茄红素等抗氧化成分,以及脂溶性维生素的视黄醇(即维生素 A)和维生素 E 等美容成分。实际上,牛油果在美容方面也是十分出色的食物。

Journal of Nutrition

*First published June 4,2014,doi:0.3945/jn.113.187674

掌握饮食的关键,获得美丽肌肤。

图书在版编目（CIP）数据

　　深度护肤 /（日）高濑聪子,（日）细川桃著 ; 张春
艳译 . -- 天津 : 天津科学技术出版社 , 2021.9（2022.11 重印）
　　ISBN 978-7-5576-9005-2

　　Ⅰ . ①深… Ⅱ . ①高… ②细… ③张… Ⅲ . ①皮肤—
护理—基本知识 Ⅳ . ① TS974.11

　　中国版本图书馆 CIP 数据核字 (2021) 第 065550 号

深度护肤
SHENDU HUFU

责任编辑：张　婧
责任印制：兰　毅

出　　版：天津出版传媒集团
　　　　　天津科学技术出版社
地　　址：天津市西康路35号
邮　　编：300051
电　　话：（022）23332400（编辑部）23332393（发行科）
网　　址：www.tjkjcbs.com.cn
发　　行：新华书店经销
印　　刷：天津图文方嘉印刷有限公司

开本 889×1194　1/32　印张 7.125　字数 243 000
2022年11月第1版第2次印刷
定价：72.00元

[英] 丽莎·埃尔德里奇（Lisa Eldridge） 著

钟潇 译

书号：978-7-5502-9927-6

页数：224

定价：98.80元

出版时间：2017.05

《彩妆传奇》

兰蔻全球创意总监丽莎·埃尔德里奇书写彩妆发展史
小小化妆包，收纳跨越数千年的审美追求与社会变迁

内容简介 | 唇彩、腮红和睫毛膏看似是现代产物，但点染双唇、脸颊和眼周却是世界上最古老的行为之一。作品遍布时装秀、红毯、广告和杂志封面的世界知名化妆师丽莎·埃尔德里奇将把你从远古时期和古典时代，带入英国维多利亚时期和好莱坞的黄金年代，再到现在和未来，一探尖端技术的究竟，全方位呈现化妆品背后的故事。

本书将告诉你人们使用化妆品的原因，并为你介绍不同年代的化妆品。你还将在书中看到光芒四射、引人竞相模仿的彩妆缪斯，以及她们是如何坐上女神宝座的。每个章节都讲述了伟大的行业故事，以及赫莲娜·鲁宾斯坦（Helena Rubinstein）、查尔斯·雷夫森（Charles Revson）、伊丽莎白·雅顿（Elizabeth Arden）和雅诗兰黛（Estee Lauder）等现代彩妆奠基人的经典传奇。

本书在用大量精美插图为你展现特定时期的妆容和风潮的同时，也将探究化妆品在女性的历史中扮演的角色以及它带给我们的诱惑与吸引。

作者简介 | 丽莎·埃尔德里奇（Lisa Eldridge）

◆她是业内备受尊敬的化妆大师，曾与日本化妆品巨头资生堂（Shiseido）联合开发了系列产品，也曾为香奈儿（Chanel）提供过彩妆创意，时任兰蔻（Lancôme）全球创意总监。

◆曾为凯特·温斯莱特（Kate Winslet）、凯特·摩斯（Kate Moss）、凯拉·奈特利（Keira Knightley）、艾玛·沃特森（Emma Watson）等上百位知名人士设计过妆容。

◆曾与墨特-马可斯组合（Mert & Marcus）、索威·桑德波（Sølve Sundsbø）、彼得·林德伯格（Peter Lindbergh）、帕特里克·德马舍利耶（Patrick Demarchelier）等诸多优秀时装摄影师合作。

◆也曾与蔻依（Chloé）、阿尔伯特·菲尔蒂（Alberta Ferretti）、普拉达（Prada）等一系列高级时装和化妆品牌合作进行时装秀与广告宣传。